Coffee Accessories
Selects 230

咖啡迷的
風格器物學

器具知識、萃取原理，沖煮方法

咖啡玩家的風格養成參考書

contents

Part1
講器具

Part2
咖啡器具

2-1 烘焙

2-2 磨豆

2-3 濾滴萃取

Part3
咖啡器具相對論

Part4
職人帶路的咖啡器具課

Part 1

━ ━ ━ ━ ━ ━ ━

講器具

工欲善其事，必先利其器。懂得挑選合適的器
具，是堆砌理想咖啡風味的入門課程，也是自
我風格展現的一種表態。跟著風味找器具，從
萃取方法、技巧與設計格，解讀自己心之所向
的咖啡生活。

Designed by Freepik

選器具？選擇的是背後的沖煮意識

「空少的咖啡之旅」部落客／咖啡空少

> 從第二波跨進第三波，讓手沖愈來愈走進生活，進而出現多樣化
> 的咖啡器具，我們也正在擁抱這股精品咖啡的浪潮。

台灣，咖啡熱

觀察過多個城市的咖啡文化，但我發現台灣人對於咖啡的意識，其實是非常強烈的。譬如我在墨爾本就曾看過，當地的生豆買賣往往是大批交易，因為量大，豆商甚至會免費提供客戶烘豆機，方便營業使用。但在台灣，可以發現「非營業用的」自家烘焙的風氣旺盛很多。新手玩家們往往從250克開始在家自烘，慢慢地推進到500克、1公斤，探索自己的風味。

進一步想，能進入到烘豆的族群，基本上對於風味的認識已有一定的概念，烘豆是為了定義自己偏愛的風味。換句話說，台灣的進階咖啡玩家其實不少，咖啡能量更是非常充沛。台灣也出過許多世界冠軍，這些咖啡高手們並非高不可攀，反而很願意互相交流，所以網路上也常見到咖啡玩家們，熱衷討探討技術，彼此交流、分享著對咖啡的熱情。

第三波咖啡革命

除了台灣本身的咖啡熱潮，目前手沖濾杯的全球浪潮同時也在進行中。手沖咖啡的由來已久，之所以在近年造成大流行，我認為很大的一個原因是因為藍瓶咖啡(Blue Bottle Coffee)的引領。藍瓶所隸屬的第三波咖啡，將咖啡的定位，從即溶沖泡、展現生活風格，轉向更重視產地、品種以及風味的品味。人們更樂於欣賞咖啡風味中的細節。咖啡也因此跳脫傳統認為，喝起來一定要苦且重的既定印象。

如果以牛排的熟度，來比喻咖啡的焙度，口感濃重渾厚的全熟牛排，就像是強調咖啡重量感與苦味的深焙豆；5分熟的牛排，具有焦褐的表面，但內部還是吃得到牛肉本味，就像中焙的咖啡豆，香氣與甜感平衡；3分熟的牛排則強調表現牛肉的原味，免除烹調過程中加附的多餘意見，淺培的咖啡豆也是同樣的概念。

從這個角度來觀察咖啡器具的使用，或許也可以推測手沖流行的原因。因為第三波傾向去品味咖啡呈現出的多樣風味，而手沖也會因為注水技術的表現，改變風味的面貌。所以變化濾杯的設計、水溫與注水方式，往往讓同一隻豆子也能展現不同的細節差異的多樣性，而這也是咖啡最有趣的地方。

器具與風味

而在這股手沖流行的大浪潮之中，錐形濾杯則是近年的主流。以我個人參觀東京咖啡節的經驗，觀察其攤位，超過一半以上，都是使用錐形濾杯。我也曾在粉絲專頁上進行一個手沖濾杯小調查，超過半數以上的人，偏愛使用Hario最經典的V60濾杯。

這個現象，某種程度也代表了淺培的品味已在逐漸擴散。往年的手沖濾杯，最經典的是Kalita或是Melita等扇形設計，此種濾杯因為過水較緩，所以口感厚實，恰好對應了中深培咖啡極具重量感的風味；錐形濾杯的流速則較快，相對較能強調

咖啡誌專欄作家，同時也是Hooked Coffee 著迷咖啡創辦人。

擁有美國精品咖啡協會咖啡師一級，二級認證合格、美國精品咖啡協會金杯認證合格，以及Q Grader 咖啡品質鑑定師資格。並曾任香港咖啡師大賽技術評審與馬來西亞咖啡師大賽感官評審。

咖啡的酸質，也更集中在香氣的表現。所以從器具的選用，多少也可一窺使用者的對於咖啡風味的意識。

不過有趣的是，除了風味的掌握，也有愈來愈多初入門的玩家，會把咖啡的器具視為一種個人與生活風格的展現。特別是現在的咖啡器具，除了考量功能，也會更強調器具的外型設計。如何在眾多出色的設計中，找到最適合自己技術與風格的器具，便是一場知識與預算的拔河了。

入門玩家別設限

對初學的咖啡玩家們來說，可以考慮購買Wave濾杯，它的萃取過程穩定，容錯率高，很適合新手使用。手沖壺的部分，建議可以挑選水流細長，好控制，可以穩定注水的細口壺。不過在購買前也要思考咖啡的份量，因為手沖壺通常只裝到七八分滿，水位過高或過低，都會造成水注不穩。而大杯份的手沖壺，七八分水位時的重量，對女孩來說可能會太過沉重。

手沖咖啡注水時，看著咖啡粉的膨脹，是一段療癒人心的過程，但中間也充滿了許多變因。而在器具的使用上，除了手沖，還有愛樂壓、法式濾壓壺，虹吸以及土耳其壺等不同選擇。如何變化咖啡風味與萃取方式是一段很有趣的過程，不要設限，嘗試咖啡器具的使用，其實也是一場風味的探險。

器具的故事──
背後的時代、沖煮技術與風味

紅澤咖啡豆販 負責人／葉雲松

> 選物的起點其實是風味，當你在咖啡店喝到一杯好咖啡，想要
> 一再回味，就會去尋找它使用了哪些器具，試圖在家重現咖啡
> 店的滋味。

反映時代樣態的咖啡器具

咖啡器具對新手來說是沖煮的工具，但對專業玩家來說卻也是一種玩具。對於某些專業咖啡人來說，當常見的咖啡器具已經無法滿足他們咖啡日常的場景，他們便會轉向收藏造型特殊或是具有年代感的器具。

把玩咖啡器具，是一種咖啡風味的遊戲，同時也是順應器具，變化沖煮方式的練習。以我自己的經驗為例，我從2013年開始，為了部落格寫作的題材進而蒐集到很多台灣比較少見的器材。在累積了約七百多篇的文章中，可以發現，時代與風味的演進對於器具的設計著實有所影響。

從器物的歷史感與設計，回過頭去反推當時的咖啡生活，是很有趣的一件事。譬如時下常見的咖啡器具，在早期歐美則比較常見家庭號、10人甚至20人份以上的大型咖啡器具。把大量熱水一次加入大型的顛倒壺或是手沖濾杯，快速萃取出適合全家人飲用的美味咖啡，這樣的生活樣樣

態，已很難得了。從中也可以發現，因為量大，所以早期的手沖濾杯器具訴求萃取順暢。近代市場需求由深烘焙轉變為中焙、淺焙為主流，手沖濾杯的設計傾向將萃取的速度放慢，減速的同時講究流速的流暢，因此手沖濾杯的設計也開始出現了針對過水速度的調節。

找自己的技術

比較古董咖啡器材與近代咖啡器材的設計，可以發現過去四五十年之前甚至七八十年前的器材或者設備，相對於近代的產品在製作方面比較不考慮成本，功能以及耐用度方面都遠超過近代產品。以實用主義的角度而言，挑選器具的重點反而在於自身的技術，因為簡單的器材也可能因為使用手法的不同，而有產生入門與專業之區隔。舉例來說，像是手沖壺，入門的手法便是要把水倒進濾杯沖泡咖啡，但專業的手法就會去講究水柱的形狀、是否有螺旋水紋，水柱的鑽力與穿透力，水柱大小的掌控，是否可以操作點滴法等等因素。

對於經驗較淺的咖啡玩家而言，入門的咖啡玩家很容易會從器具設計的外型來挑選器具。其實咖啡的萃取，原本就很容易入門，就像泡茶，只要把水和研磨的咖啡粉放在一起，然後分離出液體飲用，不論熱的萃取或者冷泡都很類似，未必都需要深刻的技術。建議初學的玩家可以先從手沖、摩卡壺、法國壓、愛樂壓或者虹吸壺開始學習。

從風味開始，用器具延伸

但所謂的學習，除了器具的使用，更重要的是找到自己喜歡的咖啡味道型態。如果有學習咖啡的夥伴，或喜歡的咖啡場所，都是讓自己提高經驗值的好方法。對咖啡圈的玩家們來說，先入為主的經驗記憶非常重要，比如先喜歡上虹吸壺的味道，就會想先買虹吸壺；喜歡上手沖咖啡，很可能就會先買手沖壺、濾杯、濾紙等。

紅澤咖啡豆販Cafe Red Bean Shop負責人、Cafe Red Bean紅澤咖啡 部落格主

資深咖啡器具搜尋家，熱愛咖啡器具選物，同時協助多家咖啡器具設計顧問。

換句話說，選物的起點其實是風味，當你在咖啡店喝到一杯好咖啡，想要一再回味，就會去尋找它使用了哪些器具，試圖在家重現在咖啡店的滋味。試著記憶不同萃取方式得出的咖啡風味，與夥伴討論比較，一個帶一個，大家一起交流風味與器具的變化。

一般消費者可能會因為推銷，而盲目購入耐熱度、耐用度或是功能不佳的產品。其實任何一種器具種類都有新手適合入門的品項，唯有先認識不同的沖煮方式，有更多比較後才能找到最適合自己的咖啡器材。

Part 2-1

烘
焙

咖啡器具百百種，因應咖啡製作過程，器具的使
用也各有巧妙。掌握器具的使用，對於咖啡製作
的認識也將一次到位。烘焙開展咖啡風味，小型
烘焙機玩味著時間與溫度的進退，手網烘焙則是
直覺體驗香氣養成的最佳途徑。

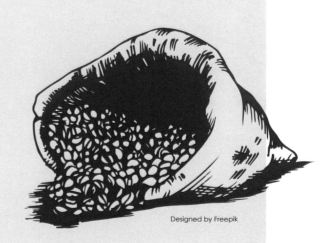

時間的魔法─烘焙與靜置的樂趣

咖啡果實從果樹上採收，經過水洗或日曬等方式取得生豆後。生豆本身並無法產生一般品飲時所感受到的咖啡滋味。由於生豆本身包含了糖、胺基酸以及油脂，透過加熱、烘焙的過程中產生的梅納反應，才能浮現咖啡的風味。

而烘焙的方式又可以簡單區分為火力與熱風兩種方式。如果用牛排來比喻，直火烘的豆子，感覺就比較像碳烤的鐵板牛排，熱風烘的豆子，就比較像是烤箱烤的感覺。從這個角度看，烘焙跟料理很像，在料理時，人們總會疑惑，該把這個食材烹調到多熟？而不同的焙度，也會帶來不同的口感，而這也是烘焙最有趣的地方。

不過，除了烘焙，專業咖啡師們更在意的則是烘焙後的豆子，要熟成到什麼程度。所謂的熟成，就是要靜置咖啡豆，讓裡面的空氣排出，這會讓風味更立體。常聽到人說「烘焙完，新鮮煮」，剛烘焙完的咖啡豆，或許很新鮮，但不能完全等於很好喝。所以若想找到最適合自己的風味，便需要每天追蹤熟成的時間。

由於深焙的氧化現象較快，所以在烘豆時一下就出油了。反之，淺烘焙的氧化現象慢，所以發展會較久。因此淺烘焙的咖啡，可能最好喝的狀態，要等到熟成15天，甚至30天左右。所以烘焙之後的樂趣，就在於每天去追蹤咖啡豆熟成的狀態。隨著熟成時間過去，你會愈來愈了解這隻咖啡豆風味的發展狀態。接著就會去思考該如何修飾，調整沖煮的水溫、研磨的粗細等等，充滿了無限的可能。接下來就讓我們認識常見的烘焙器具，從中找到最適合自己的咖啡風味！

簡嘉程

COFFEE 88 咖啡捌拾捌、Peace & Love Café 負責人
台灣咖啡大師競賽常勝軍，2010年創意台北咖啡冠軍，2011、2012年世界盃咖啡大師 台灣區選拔賽冠軍、2013年世界盃咖啡大師臺灣區代表，2013年中國海南福山盃咖啡冠軍賽第三名。

圖解家用烘豆方法

手網烘焙

手網烘焙的變化度大，每一鍋都不一樣。量少穩定度低，但很有樂趣。因為每一杯都有驚喜。手網的大小，決定了我們烘焙的量。目前手網的規格很多，50g、100g、170g等都可以在市面上找到。愈大的容量，可以裝載愈多咖啡豆，同樣地，手搖時的重量也會隨之增加。而不論使用何種尺寸，首先建議裝入的咖啡豆，最多不超過8成滿；100g大的手網，最多裝入80g的生豆。

STEP 2 挑豆

在家烘焙，都會希望可以飲用到新鮮健康的好咖啡，所以當確認重量後，便可以開始挑豆。可以準備一張白色或藍色的紙，方便與生豆對比。像是破損豆、蟲蛀豆、發霉豆、未熟豆等，都可以挑出。其中發霉豆一定要挑出，而破損豆在破裂的地方可能就會跑入黴菌；顏色很明顯變白的豆子，就是水分脫乾，這類豆子有疑慮的豆子都將之挑出。

STEP3 確認火力、包布避免燙傷，並設定計時器

手網烘豆最常使用的是火力就是瓦斯爐。手網烘豆的火力，可以設定為全開後，再降下來一點點的位置。在進行烘焙時，手網的高度雖然不會完全放在火上面去烘，但還是要記得在把手處包一塊布，以免燙傷。接著可以設定計時器，只要一開始碰火，就正數計時。

STEP 1 秤重

確認烘豆手網的容量後，拿取手網容量8成以下的咖啡豆。通常一杯咖啡豆需要12g，烘焙80g的咖啡豆，便可製作約10杯左右的咖啡。

STEP 4 開始烘豆

一開始可以讓手網與火源保持稍遠的距離。距離火源大約10~15公分左右。此時可以搖動手網,持續讓咖啡豆抖動。搖動手網時,要維持左右搖晃,但又帶著一點點順時鐘的方向,讓上下層的咖啡豆交換位置。而在烘豆的時候,下層的豆子,因為水分比較快脫乾,上層的豆子重量會比較重,透過搖晃,上層的咖啡豆便會陷入下層。一段時間後,漸漸可以發現到有銀皮燃燒的小火花飄出。

STEP 5 感受熱度

差不多一分鐘左右,可以把網子打開,確認一下顏色。讓手背靠近咖啡豆,感受一下熱度。感覺手網中的豆子,已擁有充足熱度後。接下來就要進行大量脫水的階段。

STEP 6 手網下壓

減少手網與火源的距離,讓手網保持在火源上方約5~10公分的高度,手網下壓後別忘了仍要持續搖動。接著便可看到有愈來愈多小火花飄出,飄出的銀皮之後可用吸塵器清理,建議在家手網烘豆時要在廚房,可以利用抽油煙機吸出烘焙冒出的煙。

STEP 7 翻網調整上下位置

大約在2分半鐘左右,可以觀察一下咖啡豆的顏色。當發現咖啡豆已經開始大量變色,水分已脫乾,此時就可以把手網上下翻轉,然後再輕晃一下,讓咖啡豆交換上下的位置。翻轉時記得握緊,不注意的話網蓋容易鬆開,咖啡豆便會掉出。

STEP 8 觀察狀況

持續晃動,開始會聞到烤東西的味道。大約在7分鐘左右,再次打開確認狀況,發現顏色變得更深了。再烘一下,便可陸續聽到清脆的爆裂聲。一爆的聲音出現後,可以把手網高度提高,因為受熱膨脹,熱能在釋放的時候,若太靠近火源,便很容易吸附煙味與焦味。

STEP 9 確認焙度

烘焙到8分鐘時，再確認一次烘焙狀況，一爆之後約是中淺烘焙度，到達自己要的焙度後，便可以結束烘焙。

STEP 10 挑出問題豆

烘焙結束後，可將豆子放在電風扇前方，使之冷卻到沒有溫度，避免豆子持續升溫。因為手網烘焙的均勻度不是很好，所以需要再挑出未熟、過熟以及顏色不均勻的豆子。

STEP 11 記錄

挑豆結束後，再把烘完的豆子再放入磅秤測量重量。因為烘焙會失水，所以重量會變輕，淺焙的失重率，大約是14%~16%，中焙失重率則在20%以內，深焙則更靠近20%。也就是說烘100g的豆，結束後會變成80g以內。時間與失重率的記錄，都是下次烘焙的依據。

熱風式烘豆機（爆米花機）

這種小型熱風式烘豆機，用法比較傻瓜。只要把咖啡豆放進去，調整按鈕，就會自動烘焙了。由於機器會由下往上冒出熱風，建議可以在空曠、或是可以抽風的空間使用。

STEP 1 放入咖啡豆

因為熱風式的烘豆機，是透過熱風對流產生烘焙效果，所以也需要保留空間讓豆子滾動，大約放入容量6成的咖啡豆即可，不需要裝得太滿。 因為熱氣會從機器下方，由下往上吹，若咖啡豆裝太滿，周邊的豆子就比較無法翻動。

STEP 2 設定溫度、時間

淺焙的溫度可設定在華氏196℃上下，深焙則可調整到約240℃左右。烘焙的時間大約10分鐘，

STEP 3 等待烘豆

後續就交給機器處理，烘焙到一個階段，機器還會依據烘豆的階段，自動調節溫度。

STEP 4 冷卻

烘焙完的豆子，也可以加在機器上，讓機器吹出冷風冷卻。冷卻後也可上電子秤確認一下失重率，是否有符合淺焙或深焙的比例。最後觀察成品，可以發現豆子的顏色很平均，烘焙的效果穩定，豆子的膨脹率也會比手網來得高。

建立自己的風味系譜——
烘豆焙度小實驗

怎樣算淺焙、怎樣算深焙？對於咖啡玩家來說，有時候烘焙度很難掌握。如果可以用宏觀的角度，一次確認不同烘焙時間的咖啡豆，我們就可以從中找到自己最喜歡的風味，在以此調整時間、火力等不同變因。

本次實驗，使用半熱風式烘豆機，它是靠馬達轉動滾筒，所以需要吃電。由於內部也會有火源，所以也同時需要接瓦斯管，屬於半專業的咖啡器具。目前半熱風式的烘豆機也是營業用店家，以及專業咖啡人選用的主流器具，因為它的體積小、好操作、穩定度又高。在小咖啡店裡面，要體現出新鮮烘焙的氣氛，就很適合使用這此種器具。

半熱風式的烘豆機風速可以調整，抽風量可以調整，使用者可以決定熱空氣在桶子裡停留的時間有多久，抽風量大，熱空氣停留的時間短。所以使用者可以不斷地去嘗試風力與火力的組合。

(STEP 1) 暖機

由於半熱風式烘豆機在烘豆前需要先暖機。在進行實驗前，先將機器溫度升高到200℃左右，進行暖機。然而暖機的概念卻也沒有一定，也有些人是用熱機時間去評估，如溫度固定，暖機20分鐘後再開始烘豆。

(STEP 2) 開始烘豆

暖機結束後，便可以把風門開到正常的位置，稍微散熱，把火力降到180℃，放入咖啡豆後便開始計時，我們把風門調小一點，讓從咖啡豆快速蒸發的水氣稍微悶在裡面。

(STEP 3) 取樣

每經過一分鐘，便透過取樣棒取出一小批豆子，將之放入容器中。透過每分鐘取樣一次，可以觀察同一隻豆子在相同的火力、轉速、與風力之下，可以如何調整其溫度。烘焙後的咖啡豆，當然也要飲用，從中找到自己喜歡的味道。而實驗的意義就在於，假設喜歡第15分鐘的口味，就知道烘焙的時間與火力的控制，若想要在第14分鐘就表現這樣的風味，就可以透過加火或調風，找出想要的風味，以及想要達成的時間！

左上至右下,分別是1分鐘到12分鐘的烘度。前3分鐘,咖啡豆都還在脫水的階段,第2分鐘的咖啡豆摸起來較濕潤,從第3分鐘開始,豆子已慢慢膨脹,而當實驗至9分鐘時,開始一爆。

大約在18分鐘之後,二爆結束,二爆之後的豆子,就會聞到明顯油耗味。表面也泛著明顯油光。大體來說,1~5分鐘的咖啡豆仍處於屬於水分脫乾的階段。8、9分為極淺焙,10、11分為淺焙,12、13分為中焙,14、15分為中深焙,16、17分為深焙,第18分鐘之後則是法式烘焙與義式烘焙。

2-1
烘焙

電子秤

⌄

精準度量好幫手

TIAMO 🛍 TIAMO

Tiamo KS-900 專業計時電子秤

適合入門使用，可精準地掌握沖煮每杯咖啡的時間和重量。採用電子數位式顯示，藍光螢幕於光線不充足處仍能清楚顯示數值，左為計時器，右為重量，計時、秤重可同時進行，最小測量單位0.1克，最大秤重值為2000克。

經典 | 機能 | 風格 | 入門 | 進階
1

ACAIA 🛍 米家貿易

PEARL智能科技咖啡秤

材質：鋁合金、壓克力

專為義式咖啡沖煮所設計的精密電子秤，其鋁合金製造的機身具有防水功能，能以藍芽連接手機，並加入自動計時，當重量改變時，計時器自動啟動，方便觀察記錄咖啡沖煮的流速、時間、重量等，尺寸輕巧，方便攜帶。

經典 | 機能 | 風格 | 入門 | 進階
2

ACAIA

米家貿易

LUNAR智能咖啡電子秤

材質：壓克力、塑膠

此款電子秤於美國開發設計，在台灣製造生產，被咖啡控譽為「神秤」，以藍芽連接手機APP後，電子秤便能感應咖啡沖煮過程中的注水量和力道，記錄每款咖啡豆所需的溫度、研磨度、風味等資料，自動計算水粉比的功能，數值掌控更為精確，透過每次沖煮所留下紀錄，使用者能一次次修正，提高手沖的穩定度。

經典｜機能｜風格｜入門｜進階
3

經典｜機能｜風格｜入門｜進階
4

HARIO

米家貿易

新款電子秤

材質：樹脂、不鏽鋼、壓克力

手沖咖啡時不可忽略的裝備。此款兼具秤重與計時功能，能確實掌握手沖咖啡的注水量、粉量和萃取時間，底部防滑腳保持平穩，減少使用過程中數值的誤差，USB充電4小時後，可連續運作80小時，可拆卸下來水洗的不鏽鋼髮絲紋頂板，清潔相當方便。

Brew Global

光景 Scene Homeware

Brewista Smart Scale II智慧秤

材質：樹脂、不鏽鋼、矽膠

入門用電子秤，改用鋰電池，使用USB充電，節省更換電池的開銷。液晶面板上並可見電量顯示，按鈕的返饋手感更佳，同時也提升了防水的設計。內建6種沖煮模式，手沖義式皆可使用。

經典｜機能｜風格｜入門｜進階
5

烘豆器

手感烘豆

● eBay、網路拍賣

陶製烘豆器

材質：陶土

造型特殊的咖啡豆烘焙器具，可在直火上加熱，藉遠紅外線使生豆緩緩獲得熱能，其聚熱效果較為均質，過程中需不斷水平搖晃，讓豆子翻滾避免局部烘烤過度而焦黑。

經典 | 機能 | 風格 | 入門 | 進階 | 嚴選

6

50g

經典 | 機能 | 風格 | 入門 | 進階 | 嚴選

7

50g

● 米家貿易

日本圓形手烘網

材質：304不鏽鋼、原木

手網烘焙是最原始的烘豆方式，於瓦斯爐上直火加熱便可完成，除了有自己動手的樂趣外，更能透過網目清楚觀察豆子熟成過程中色澤、氣味及聲音等的變化，雖然因做法簡單變因頗多，卻是新手練習烘豆技術的第一步。直火烘焙後的咖啡冷卻裝袋後需擺放幾天，讓烘焙過程產生的二氧化碳繼續作用，以利咖啡風味的平衡與完整。

iROAST

🛍 Amazon.us

熱風式烘豆機

材質：不鏽鋼

基本款爆米花烘豆機iROAST也是家用烘豆機的入門選擇。使用熱風加熱，只要把生豆放入機器中，設定時間與溫度，機器就會開始自動烘豆，上方可再擺放豆架，讓剛烘好的豆子以冷風冷卻，非常簡單易用。

9 / 150g
經典 | 機能 | 風格 | 入門 | 進階

🛍 eBay、網路拍賣

8 / 100g
經典 | 機能 | 風格 | 入門 | 進階

烘焙手網

材質：不鏽鋼

烘焙手網是自家烘豆玩家都會接觸到的一個入門試驗。由於是透過自己手動烘焙，變因較多，但也常能表現出意想不到的效果與趣味。進行手網烘豆時，因為咖啡豆會膨脹，建議放入手網容量約8成的咖啡豆即可，讓咖啡豆在手網中有滾動的空間，以利均勻受熱。

楊家機器　　　　🥣 楊家機器

咖啡烘焙機（玩家級）800N

材質：鑄鐵內鍋

玩家級的旗艦版烘焙機。以專業級烘焙機改良而成，體積小巧便於擺放小型空間使用，烘焙桶迴轉數可調整，最高可調至100轉，減少咖啡豆內外溫差，降低影響風味變化。內建USB輸出線，可連接電腦並同時記錄烘焙資料，讓每次烘焙都是場練習賽，逐步增進烘豆能力，邁向專業級烘豆水準。

經典｜機能｜風格｜入門｜進階
10
500g

楊家機器　　　　🥣 楊家機器

100N飛馬專業烘焙機

經典｜機能｜風格｜入門｜進階
11
120g

材質：不鏽鋼

家用版的小型烘豆機。操作輕鬆簡易，可一次烘焙120g的咖啡豆，在家就能動手烘豆。33x26x32cm的迷你尺寸，擺放家中不占用空間，使用瓦斯加熱，安全方便無須外接，內桶採用304不鏽鋼材質製成，耐高溫加熱不釋放毒素，適合咖啡迷們烘豆練習。

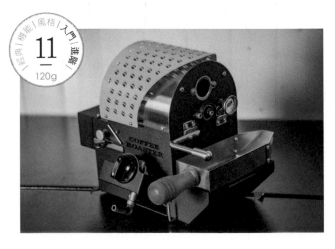

（圖示標章）12 — 300g
經典｜機能｜風格｜入門｜進階

🔒 Quest M3s

Quest M3s

材質：不鏽鋼、鑄鐵鍍鎳

國人自己開發設計的烘豆機，在專業咖啡玩家中，頗受好評。擁有小而美的扎實機能，搭載斷熱計時器、取樣棒、集屑抽屜。內建滾筒半直火半熱風式，火力與熱風大小都可調整，也是入門玩家跨入進階的穩定機型。

寶馬牌 　　　　　　🔒 寶馬

RT-200 咖啡烘豆機

材質：不鏽鋼、鐵

將咖啡豆放入中央的滾筒後，電動馬達滾筒，便會自動翻滾，無間斷翻動咖啡豆，使其均勻受熱。可拆卸的電源線設計方便收納整理，使用小瓦斯爐的直火式烘焙法，適合入門玩家練習試驗。

（圖示標章）13 — 250g
經典｜機能｜風格｜入門｜進階

IKAWA PRO coffee roaster

容量雖小，但外型極具設計感，且可以下載專門APP，透過藍芽連線，讓烘豆數位化，透過軟體記錄烘豆曲線。烘豆時間約10~20分鐘，操作也非常簡單，外觀設計也很適合作為居家擺飾。

風格 / 入門

14
—

生豆50，熟豆60g

儲豆槽

儲豆的風格

楊家機器　楊家機器

飛馬咖啡儲豆桶（自家烘焙咖啡儲豆桶）

材質：不鏽鋼

飛馬咖啡儲豆桶設計為可壁掛式的長杜造型，儲藏咖啡豆不占用空間，並可一次儲存2000g的大容量咖啡豆。清澈透明的直立款式，可一目了然咖啡豆量，既是儲藏器具也是展示美品；大型下豆口，出豆順利輕鬆，避免咖啡卡豆危機。此款儲豆桶最大特色在於，儲豆長度可依顧客需求製作，具有可增加850mm的彈性範圍，滿足咖啡迷的需求，不再處處受限。

風格 經典｜機能｜入門｜進階
15
2000g

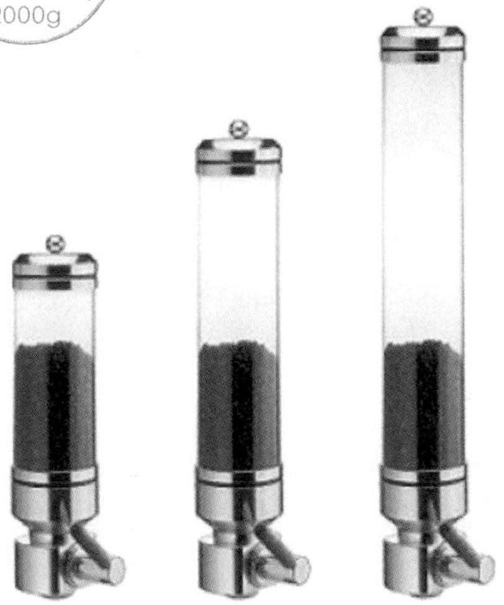

風格 經典｜機能｜入門｜進階
16
250g、500g、750g

ChaBaTree　光景 Scene Homeware

儲豆罐

材質：柚木、玻璃

罐身的口徑大，搭配玻璃材質的方便確認內容物。上蓋則使用了柚木材質，整體罐身的設計看起來非常簡約美觀，也很適合居家擺設。但此款儲豆罐，在儲豆時需要避免光照，導致咖啡豆變質。

EARTH ⬤ 米家貿易

不鏽鋼咖啡密封罐

材質：304不鏽鋼

維持咖啡豆香醇好喝最關鍵祕訣之一便是「保鮮」，溫度、濕度和氧化等外在因素都能影響咖啡風味，因此「儲豆罐」是不可少的工具，不但可隔絕空氣、濕度和陽光曝曬，眾多的款式造型也讓它成為營造空間迷人氛圍的幫手。台灣品牌EARTH針對烘焙後的咖啡保存，推出外型如復古郵桶般的密封罐，金屬標示牌一眼即可辨識咖啡豆種類，新款「聞香版」更以香水噴頭為設計概念，於上蓋增加噴頭，不需開闔蓋子也能聞到咖啡香。

經典 | 機能 | 風格 | 入門 | 連載
17
—
260g

開化堂 ⬤ 森/CASA

錫製咖啡罐

材質：鐵鍍錫

開化堂最經典的商品是其鍍錫茶罐，直到第四代之後，才加入銅、黃銅等其他材質茶罐。延續茶罐製作的工藝，上蓋並加入提把，整體造型非常美麗。

經典 | 機能 | 風格 | 入門 | 連載
18
—
200g、300g

開化堂　🛍 森/CASA

咖啡粉罐

材質：紅銅

開化堂在日本是擁有最古老歷史的
純手工茶筒的製作老鋪，而隨著時
代演進，也加入咖啡粉罐的設計。
此款開化堂特地為台灣森/CASA
十週年慶限定製作的紅銅特殊扁圓
尺寸咖啡粉罐，上下蓋密合滑順，
方便外出攜帶當日新鮮現磨的咖啡
粉。以百年工藝底蘊，灌注而成的
現代咖啡道具，素雅有力的設計美
學不言自明。

經典｜機能｜風格｜入門｜進階

19
—
約100g

Part 2-2

磨
豆

手腕運動是咖啡玩家的必經磨豆修練，手感牽引
著咖啡粗細顆粒的來回滾動，掌握精準的咖啡粉
末，將指引你看見香氣與風味的具體結晶。

磨豆的秘密──粗細變化風味差異

認識磨豆機的刀盤

一台好的磨豆機至關重要,因為研磨出來的咖啡粉會影響到咖啡的風味。磨豆機咖啡豆研磨機依照刀盤形狀,可分為平刀、錐刀與鬼刀三種型式,雖然形狀不一樣,但其運用原理是相同的。

平刀

平刀是最普遍、入門的款式,其中又依據刀盤擺放的位置,分為水平、垂直兩種差異。平刀磨豆機的刀盤設計主要分為三個段落的研磨,第一個段落,當咖啡豆落下,從裡面往外滾動,咖啡豆會先被輾碎成較大的顆粒,接著這些碎塊會循著刀盤的規則紋路逐漸磨裂。由於刀盤內側的紋路比較粗,外側較細,隨著刀盤轉動,咖啡碎片順著路徑由內向外推出,並依設定的研磨係數逐漸磨細。研磨係數主要是靠著兩片刀盤間的距離決定,距離愈近咖啡粉愈細,距離愈遠咖啡粉愈粗。刀盤的大小、轉速效益、齒刃紋路等都會影響咖啡粉風味,平刀式磨豆機的檔次,也是以刀盤大小來論,愈大的愈高級。由於平刀是以削的方式將咖啡豆研磨成顆粒,因此研磨過的咖啡粉會呈片狀,容易產生比較多的細粉。

錐刀

錐刀式的電動磨豆機因為需運用重力加速度,讓咖啡豆從外分布被碾磨,因此垂直設置的刀盤無法被分布出來,故刀盤只能水平設置,讓咖啡豆以從上往下掉落的方式被研磨。其優點是可用較低轉速來達到比較好的研磨效率,產

黃吉駿

Single Origin espresso & roast 負責人、烘豆師、咖啡師
2014年TBRC沖煮大賽台灣區選拔賽第六名,Single Origin espresso & roast也是國內少數強調單一產區咖啡沖煮的風格名店。

平刀

錐刀

鬼齒

生的熱能少，也可保留較多的咖啡香氣，研磨度較為均勻。通常手動式磨豆機也會採用錐刀型式，但會是以碾的方式磨豆，研磨咖啡粉呈晶狀。

鬼齒

另一種常見的磨豆機刀盤鬼刀磨盤是以磨的方式將咖啡豆研磨成顆粒，研磨出來咖啡粉會呈現圓塊狀，磨出咖啡粉更加均勻，同時產生的細粉也更少，效率高。

磨豆機的分類很多樣，但入門家用的磨豆機建議可從小平刀類開始，市場上常見的小富士、Kalita Nice Cut Mill都是很好入門的選擇，小富士價格則約在1萬多元。若預算較少，也可考慮市場上頗受入門玩家歡迎的小飛馬

刀盤設計影響風味差異

不同磨豆機研磨出來咖啡粉，其接觸熱水的效益與速度也有所差異，以三種刀盤設計來做比較，平刀產製的片狀咖啡粉吸水效益最快，因為其接觸面積最大，能在最短時間釋放咖啡香氣。錐刀、鬼刀研磨出來的咖啡粉顆粒較為立體，水分接觸咖啡粉的路徑較長，需花費時間吸飽水分，因此短時間內可釋放可溶性物質也較少。

平刀的片狀咖啡粉可最快吸飽水分釋放味道，但相對地，好的、壞的味道也一樣會快速被釋出，因此不好的咖啡豆透過平刀研磨後，也會立即地反應出來；圓狀的咖啡粉體積稍大，因此其味道會更完整地被釋放。但並沒有何種刀盤設計孰優孰劣之分，而是取決於個人喜好風味與口感。

大致上平刀、錐刀與鬼刀導致的風味差異如下劃分：

- 平刀：風味比較直接，讓咖啡豆去講話。
- 錐刀：風味比較有層次感、立體面，因為翻滾的各角落強度不一。
- 鬼齒：風味比較均勻、圓潤。

研磨粗細度 VS 適用咖啡器具

磨豆機刻盤上的數字代表研磨係數，數字愈小，代表研磨咖啡粉愈細，數字愈大，代表研磨咖啡粉愈粗。不一樣的咖啡豆與咖啡器具，也應該使用不同的粗細度，每一個品項雖有約略的研磨範圍，但沒有絕對值，玩家可以透過測試，找出最適合的研磨度。一般來說，咖啡豆研磨的粗細度大致可分為：粗研磨、中研磨與細研磨。其分別適用的咖啡機與沖煮方式也有所不同。

- 細研磨：適用於義式咖啡機、冰滴咖啡、土耳其咖啡壺使用。
- 中研磨：適用於手沖咖啡、虹吸式咖啡，以及法蘭絨濾袋。
- 粗研磨：適用於法式濾壓壺。

平刀磨豆機的　　平刀磨豆機的　　平刀磨豆機的
粗研磨度　　　　中研磨度　　　　細研磨度

佐證風味差異的杯測練習

剛購入磨豆機的玩家，建議不妨運用科學的杯測手法來驗證咖啡研磨之間的風味差異。咖啡風味的描述其實是很抽象難以形容的，所以在品飲時，可以帶著感性的心理，去想像不同風味的差異。但在製作咖啡時，其實也需要理性科學的試驗，以理性加感性的態度，比較並細細發掘其中的差異，才能建立個人品味的取向。

簡易的杯測比較，可以同時觀察不同研磨度、不同刀盤產製咖啡的差異。可以發現粗研磨咖啡的味道偏淡，細研磨咖啡的風味則趨於濃郁；而從咖啡外觀也可觀察到粗研磨咖啡至細研磨咖啡，顏色由淺至深，以平刀而言，口感較銳利，酸澀味明顯，以鬼刀來說，風味較為圓潤。透過簡單的研磨度測試，便可以發現不同粗細與風味之間的關聯性，磨豆不僅是為了沖煮的方便，也是咖啡玩家們追尋自己偏愛風味一大課題。

STEP 1　研磨

首先確定測試的咖啡豆、克數、水溫,以及浸泡時間。條件確定後,我們選用了對比性較高的平刀與鬼齒磨豆機,讓同一支咖啡豆,使用不同器具,分別研磨粗、中、細等三種研磨度進行比較。

同樣條件:

咖啡豆:8克

烘焙度:輕焙

熱水溫度:95℃

浸泡時間:4分鐘

變異條件:

刀盤設計:平刀、鬼刀

研磨度:粗、中、細

STEP 2　明顯差異

可以觀察到同樣刻度的粗、中、細研磨度,但因為刀盤設計不同,所以咖啡粉粒也具有明顯差異。平刀磨出的顆粒較接近扁長形,鬼刀細研磨咖啡粉宛如細砂糖。

STEP 3　裝杯

接著把咖啡粉,分別裝入6個杯子中,可從粗到細,依序嗅聞咖啡粉的乾香,試著記錄其香氣的差異。

STEP 4　計時

接著開始注水,注水時可依序從粗到細,開始注水後即可按下計時器,統一浸泡時間。

STEP 5　注水

當所有杯子都注入熱水後,便可等待時間。此時也可依序嗅聞溼香的表現。

STEP 6　破渣

4分鐘時間到達後,便可以湯匙破渣,將表面的咖啡渣壓下劃開。破渣時鼻子盡可能貼近杯子,同樣從粗到細,逐杯品嚐各自不同的風味差異。在進行下一杯破渣前,記得清洗湯匙。等溫度稍降,也可以逐杯再次品嚐,找到最適合自己的研磨度。

⌄

手搖磨豆機的入門巡禮

HURED

🄫 米家貿易

MY HAND MILL陶瓷手搖磨豆機

材質：陶瓷、304不鏽鋼

一般手搖磨豆機的容量，多為20克或40克，此款金屬手搖磨豆機
容量適宜，上座透明設計能將份量看得一清二楚，多段式陶瓷刀
盤，旋轉即可調整研磨度，順時針為細研磨，零件並可拆卸直接
水洗，沒有殘味，風味更乾淨滑順。

經典｜機能｜風格｜入門｜連鎖
20
—
30g

CW 哈利歐股份有限公司

陶瓷芯磨豆機 CW-038

材質：高級原木、金屬、精密陶瓷

陶瓷磨芯，十字軸心設計，可在研磨時穩定軸心，讓研磨的咖啡粉更均勻。且刀盤堅硬，連淺烘豆皆可研磨。日本製造，典雅耐看，更因其毛細孔小，不易卡咖啡豆。與其他磨豆機相比，此款開口較大，裝置咖啡豆更為簡易不失手；附有豬鬃毛刷，方便日後清潔。

經典｜機能｜風格｜入門｜進階
22
—
70 g

星巴克 星巴克

不鏽鋼手搖磨豆機

材質：不鏽鋼、陶瓷錐形磨刀盤

把手可快速拆卸，方便攜帶、不佔空間。矽膠腰帶加上穩固的重心，研磨時較其他攜帶型款式更好使力。採用陶瓷錐形磨刀盤，研磨過程中不易生熱，能保留咖啡的香氣，也能研磨出較均勻粉末，旋轉齒輪便可快速調整研磨粗細度，以因應不同的沖煮器具。

經典｜機能｜風格｜入門｜進階
21
—
42g

TIAMO TIAMO

可調粗細手搖磨豆機

材質：橡膠木、鐵鍍鉻、精密陶瓷

此款筆筒式木質磨豆器採用陶瓷研磨齒輪，耐磨不易生熱，其重心穩固，磨豆時不易搖晃好施力，可根據偏好口味調整研磨度，研磨時主要以擠壓方式碾碎豆子，不適合較硬的咖啡豆，細粉相對較多，適合搭配濾紙手沖、法式濾壓壺等沖煮器具使用。

經典｜機能｜風格｜入門｜進階
23
—
100g

Milco 米家貿易

手作陶瓷刀手搖磨豆機

材質：天然櫸木、不鏽鋼、陶瓷、鋼

將原木裁切、薰蒸、乾燥後，由工藝師手工製作，分為
10克、20克兩種研磨量，小尺寸設計，最輕僅180克重，
便於隨身攜帶。若需改變研磨粗細，透過機身下方旋鈕，
即可調整陶瓷刀盤，設計相當貼心。「WOOD」系列有
胡桃木、櫸木兩款材質可選，握於手中有木料溫暖的觸
感，好施力也減少手心熱度對咖啡粉的影響。另有琺瑯結
合原木的「HOLO」系列，琺瑯材質不吸附味道，可以享
受純淨的氣味。清新簡約的日式風格，值得入手。

EARTH

木桶磨豆機

材質：金屬、原木

鑄鐵材質的磨芯較耐磨不易耗損，鋒利的刀鋒連一般手搖磨豆機處理較費力的淺焙豆也可研磨，建議刀盤使用後不水洗，以免生鏽。碗狀投豆口大，一次可研磨量約39克，下方盛粉槽以實木製成，具防潮功效。復古優雅的造型是懷舊派的器具首選。

風格
25
—
25 g

KALITA ● 哈利歐股份有限公司

手搖全銅製磨豆機K-2

材質：原木、金屬、鑄鐵磨芯、碳鋼磨刀

磨豆槽為25克但儲粉容量則為80克，可一次研磨大量咖啡豆。採用硬鑄鐵磨刀，輾磨力佳。日本製造，質感可愛精緻。短胖形寬圓柱型設計便於握住，不易搖晃或傾倒，重心恆穩好上手。

機能
26
—
39 g

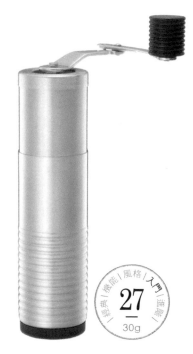

27
30g

| 經典 | 機能 | 風格 | 入門 | 進階 |

KALITA　　　🛍 哈利歐股份有限公司

攜帶型不鏽鋼陶瓷芯磨豆機

材質：不鏽鋼、陶瓷

研磨把手可彎曲收納，不占用行李空間，使用簡便。磨芯則以陶瓷製作而成，不易生鏽，後續清洗方便簡單，且久磨不發燙，能讓咖啡維持新鮮風味，不浪費昂貴的咖啡豆。

Handground　　　🛍 三分之二美科技

精準手搖磨豆機

材質：玻璃、木質握把

由數千位咖啡愛好者共同參與研發設計而成的手搖磨豆機，研磨手把設計於側邊更符合人體工學，採用老咖啡樹木做為握把材質，多達15種不同的研磨刻度，每一個轉動刻度都會提高降低165微米的粗細度；40mm的錐形研磨刀盤加上三聯裝固定的不鏽鋼軸能夠穩定研磨，消除晃動產生的粗細不均。

28
100g

| 經典 | 機能 | 風格 | 入門 | 進階 |

ANDKROSS　　🖤 ASAMORI International LTD.

SOMAD手搖磨豆機

材質：304食用級不鏽鋼、鋁合金、山毛櫸

從法式濾壓到義式咖啡的粗細顆粒皆可研磨。採用
304不鏽鋼軸心，讓無心研磨公差值與軸心晃動狀
態降到最低，搭配CNC切割的不鏽鋼合金刀盤，銳
利刀鋒粉粹每顆咖啡豆。使用方式簡易，先做研磨
粗細選擇，再打開上蓋，倒入咖啡豆，蓋上上蓋進
行研磨，佐配歐洲進口山毛櫸手把，溫潤質地讓手
感更順滑，快速即能研磨出均一質感的咖啡粉。

風格 | 入門
機能 | 進階
經典 |

29
—
30g

30
—
60g

bodum　　　　　　　　　　　🛍 恆隆行

單段式磨豆機

材質：塑膠、不鏽鋼、止滑橡膠

加入活潑的設計概念，讓繽紛的家電妝點居家
空間。造型輕巧不占空間，可快速進行咖啡豆
研磨。26,000rpm（每分鐘轉速），單次最長
研磨時間為60秒，底座附電源線收納座，有
黑、紅二色。

31
—
220g

bodum　　　　　　　　　　　🛍 恆隆行

E-bodum多段式磨豆機

材質：塑膠（磨豆槽）、止滑橡膠（機身）、硼矽酸鹽
玻璃（儲豆槽）、矽膠（上蓋、防滑推環）、304不鏽鋼
（錐形刀盤）

採用專業級錐形研磨刀盤，搭載12段模式，滿足從義式
咖啡至法式濾壓壺的研磨需求。特設自動斷電機制，避免
研磨時因碎石而導致磨豆機受損。經典bodum玻璃收納
罐，讓咖啡粉不飛散，底座附電源收納裝置，有黑、紅二
色。

 布蘭莎Capresso　🛍 哈利歐股份有限公司

多段式咖啡磨豆機

材質：不鏽鋼

多段式咖啡磨豆機包括了咖啡豆盒，磨豆機體
與一儲粉盒。可磨出粗磨、中磨、細磨、極細
磨等多段咖啡粉。高扭力慢速磨豆設計，能降
低磨豆刀組溫度，避免咖啡粉香氣散失；機體
有安全開關裝置，當咖啡豆盒未裝上時，磨豆
機無法啟動，保護使用者安全。

（經典｜機能｜風格｜入門｜住家）
32
—
260g

OSTER　🛍 恆隆行

研磨大師電動磨豆機

材質：樹脂、不鏽鋼、玻璃

以果汁機聞名的美國Oster品牌，所推出的這
款電動磨豆機，具多重便利性，三段式研磨設
定，一次滿足法式濾壓（粗研磨）、美式滴漏
（中研磨）和義式蒸氣萃取（細研磨）三種沖
煮方式所需的研磨系數。分離式磨豆槽及餘粉
刮除設計，避免餘粉和油脂殘留，除了研磨咖
啡，也可研磨種籽或辛香料。

（經典｜機能｜風格｜入門｜住家）
33
—
60g

經典｜機能｜風格｜入門｜進階

34
—
225g

楊家機器　🛍 楊家機器

飛馬牌 咖啡磨豆機（家庭用）600N

材質：鑄鐵烤漆

台灣在地的咖啡機具品牌。可一次研磨半磅咖啡豆，節省操作時間，八段式研磨設計；內膽為低噪音馬達設計，操作時安靜優雅，不讓咖啡時光產生惱人噪音。平刀刀盤使用『粉末冶金』技術加工而成，研磨更為迅速確實，可創造咖啡粉末的均一質地。

楊家機器　🛍 楊家機器

500N營業用磨豆機（加強版）

材質：不鏽鋼

新升級加強馬力款，適合營業操作使用。研磨速度可達每分鐘200克的粉碎力，無段式微調搭配手桿設計，可彈性調整研磨程度，讓咖啡粉末粗細更精準，表現出各異咖啡豆的適切模樣。內建冷卻風扇適合長時間使用，不因過久而發熱須暫停。

經典｜機能｜風格｜入門｜進階

35
—
500g

Fuji Royal　　　　　　　　🍚 米家貿易

小富士電動磨豆機DX R-220 Mill

小富士是玩家間普遍且常見的機型，此款磨豆機採鬼齒刀盤，高轉速較一般磨豆機更節省時間，細粉不多，且咖啡粉顆粒的稜角明顯，咖啡萃取均勻風味更加明亮。甜感、平衡感及乾淨度表現佳，可把太強烈的部分修飾得較為圓潤，另有KŌNO平刀版，手沖居多的人使用平刀較佳。

經典｜機能｜風格｜入門｜進階
36
200g

Lyn Weber　　　　　　　　🍚 Lyn Weber

EG-1電動磨豆機

材質：鍍鈦平刀

這款磨豆機的外觀極具設計感，也常被咖啡玩家們戲稱像是望遠鏡。它最大的特點就是具有斜置的刀盤，這樣的設計縮短了咖啡豆從入豆口下去後接觸刀盤的距離。此外，不同於水平設置的刀盤，研磨過的咖啡粉，因為會因為重力而自然垂落，更大幅減少了殘粉量。

經典｜機能｜風格｜入門｜豪華
37

KALITA 　🔘 米家貿易

Clean Cut磨豆機

此款磨豆外型猶如砲管或燈塔，扭力強大，堅固耐用每分鐘可研磨600克。刀盤設計本軸心採錐刀盤，外刀盤為平刀，可削切研磨咖啡粉，可調整兩個磨盤的間距，以改變粉末的粒徑大小，粉末切割面平整，顆粒形態較規則，能萃取出咖啡的甘甜香。

量匙

基本的度量

KALITA 　🔘 哈利歐股份有限公司

TSUBAME 銅豆匙 曲柄款

材質：銅

同為「KALITA」與「MADE IN TSUBAME」的高標準合作商品。日本製造，曲柄把手設計，便於使用時卡放於瓶口或杯緣，或是放置桌面時，其高低差可立於平面，不需再以盤子墊底擺放。把手頂端設計有一小洞口，便於使用完畢後吊掛，讓銅豆匙易於收納及風乾，不易積水而發霉降低使用年限。

🔘 光景 Scene Homeware

手工木製咖啡量匙

材質：胡桃木 / 白樺木

造型像極了房屋的木製咖啡量匙，由日本神奈川工匠手工製作。一般常見的咖啡量匙多以金屬或塑膠製造。木製量匙的造型質樸，適合搭配作為餐桌陳設的小巧道具，也很適合當作送給朋友的小禮。

KALITA
🛍 哈利歐股份有限公司

銀量匙咖啡豆勺

材質：銀

KALITA銀量匙咖啡豆勺以全銀所製成，與其他材質相比，更富質感與高級度。寬扁形握把觸，讓施力點更集中，持握穩定，一次即可輕鬆舀取咖啡豆量。

經典｜機能｜風格｜入門｜進階
41
—
10g

KALITA
🛍 哈利歐股份有限公司

TSUBAME 不鏽鋼豆匙 銀色長柄款

材質：不鏽鋼

此系列為「KALITA」與「MADE IN TSUBAME」的合作商品，是通過日本專產金屬餐具的燕市工商協會條件認可，擁有「MADE IN TSUBAME」標誌。不鏽鋼豆匙銀色長柄款由專業工匠精心打磨拋光，具有舒服手感與實用性，長柄設計易於操作使用，霧面與冷色巧搭出自然工業風，亦可做為擺飾點綴環境氛圍。

經典｜機能｜風格｜入門｜進階
42
—
10g

KŌNO
🛍 山田珈琲店

豆匙

材質：樹脂

壓克力樹脂製作的基本款入門豆匙，造型輕巧。豆匙的容量同樣為12克，兩湯匙24克正好符合1~2杯份的咖啡粉量。也有多款鮮豔的顏色可供選配，搭配色彩鮮艷的名門濾器，提振手沖時的好心情。

經典｜機能｜風格｜入門｜進階
43
—
12g

経典 | 機能 | 風格 | 入門 | 進階
44
—
12g

EARTH 🛍 米家貿易

不鏽鋼豆匙

材質：不鏽鋼

用來計量咖啡豆或咖啡粉的小器具，且輕
便好清洗，此款以不鏽鋼電鍍紅銅或鍍金
製作而成，瀰漫金屬的溫暖光澤。

KALITA 🛍 哈利歐股份有限公司

銅量匙咖啡豆勺

材質：銅

採用全銅精製而成，質感磅數皆為首選之品。
長柄細長把手方便深入長瓶或細窄容器內挖取
咖啡豆。把手處有花紋設計，接觸時能徹底感
受其質材手感，為使用者帶來心之曠味。

経典 | 機能 | 風格 | 入門 | 進階
45
—
10g

KALITA 🛍 哈利歐股份有限公司

不鏽鋼咖啡豆匙

材質：不鏽鋼

KALITA 不鏽鋼咖啡豆匙以不鏽鋼的材質打造而
成，質材厚實有手感，使用時不會頭重腳輕，
且前端設計為尖長漏勺形狀，便於深入咖啡
袋、玻璃罐內，不易卡罐。適用於乾豆或是液
體，液體可盛裝約30mL，底部為深L型，不易
傾斜與外流。

経典 | 機能 | 風格 | 入門 | 進階
46
—
10g

Sqoop咖啡勺

材質：鑄鐵（鐵氟龍塗層）、柚木

風格強烈，渾厚穩重的咖啡量匙，由台
灣設計公司HMM開發設計。一匙容量約
10g，質感出眾，持握的手感也頗具份
量。匙勺背後並加入了小磁鐵，可以吸附
在鐵製器具上面，別具收納巧思。

風格 | 入門 | 進階
機能 |
47
—
10g
| 經典

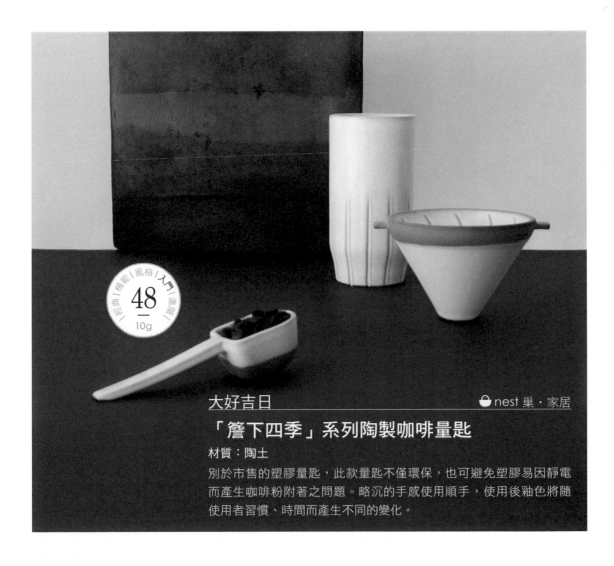

機能 | 風格 | 入門
48
—
10g
經典 | 進階

大好吉日　　　　　　　　　◗ nest 巢・家居

「簷下四季」系列陶製咖啡量匙

材質：陶土

別於市售的塑膠量匙，此款量匙不僅環保，也可避免塑膠易因靜電
而產生咖啡粉附著之問題。略沉的手感使用順手，使用後釉色將隨
使用者習慣、時間而產生不同的變化。

Part 2-3

— — — — — — —

濾
滴
萃
取

濾杯與手沖壺的造型,讓濾滴萃取的過程充滿無
限可能。別輕忽形狀、材質與孔洞的設計,那會
左右萃取速度與水溫的搭配,不同組合也將帶來
萬千變化的滋味。

療癒的藝術，
手沖滴濾的風味秘密

掌握手沖基本觀念

手沖儼然已是咖啡新手的入門首選，滴濾式萃取的口感清爽，風味較柔順，且操作過程中能夠自由變化因素多，舉凡注水方式、萃取時間，與器材選擇等細節，呈現在沖泡上的靈活都具有更多的趣味感，手沖咖啡也因此成為時下最受歡迎的沖煮方法。

手沖咖啡基本上是屬於滴濾式的咖啡萃取方法，關於咖啡的萃取，其實就是將咖啡豆中的固形物（咖啡豆中飽含豐富風味的咖啡質），藉由咖啡粉與水接觸時的「溶解」並「擴散」到水中。簡單來説，萃取出的咖啡液體中含有多少固形物就是其「濃度」。歐洲精品咖啡協會(Specialty Coffee Association of Europe，簡稱SCAE)建議最適合飲用的咖啡濃度為每100公克的咖啡裡有1.25%~1.45%的固形物，低於1%則過淡，高於1.5%則過濃。因此，想要沖出一杯濃度適中又含豐富咖啡質的咖啡，注水的方式與比例，便顯得相當重要。

而在手沖咖啡過程中，注水更是其中頗具技術的一環。手沖的技巧很多樣，常見的「外圍均勻注水」，通常會由中心點開始注水，逐漸向外圍繞圈澆注，目的在於讓每一粒咖啡粉都能吸飽水份，盡量維持萃取特定濃度的咖啡液。

維持萃取狀態均勻，才能完整呈現每款咖啡豆的獨特風貌。當固形物擴散到液體時，濃度高處會往濃度低處擴散，愈靠近粉粒、濃度愈

廖國明

湛盧咖啡 董事長
身兼烘豆師與資深Barista，2003年創立湛盧咖啡，他也是台灣最早引進桌邊手沖的咖啡師之一，並以精品咖啡的概念定位湛盧的品牌創辦人。

手沖具有許多變因，唯有透過練習，才能掌握每一次咖啡沖煮的穩定滋味。

高，若外圍保持相對低濃度，固形物就會維持固定速度釋出。但若因注水著速度不均、水柱力道過於強勁，就會形成攪拌效應，經攪動處釋放速率快，未經攪動處維持原本狀態，就會造成一壺咖啡液中同時有完整萃取、過度萃取、萃取不足的部分，最終將出現較為混雜的味道。但因為淺焙豆釋放固形物速率較慢，所以攪拌效應所造成的雜亂較不明顯，因此在手沖時也可視情況使用較強水柱，透過攪拌效應激盪出獨特風味。

咖啡職人的手沖變因面面觀

手沖咖啡在過程中充滿了許多不同的變因，不同的變因更是影響咖啡風味的重要關鍵。想要在家穩定製作風味一致的好咖啡，便需要試驗，找到最適合自己的沖煮標準，再依此對應咖啡豆，或變化不同器具。

當手中拿到沒有沖泡過的新咖啡豆時，具有實驗精神的咖啡玩家，可以依照下列的五大變因找到該支咖啡豆最好喝的狀態。由於每位咖啡玩家所使用的設備器材、沖煮環境皆不同，因此沖泡咖啡時可以參考上述沖煮法，以測試咖啡豆的屬性，如果風味不如預期，再逐步微調水溫、研磨度或是水粉比等變因。

手沖的變因與建議

變因	說明	沖煮建議
水溫	注水的水溫。	約為攝氏90度
研磨度	咖啡豆經研磨成粉的粉粒大小。不同廠牌研磨機所標示的刻度皆不相同。	研磨度中，刻度約在6
水粉比	咖啡粉與注水量的比例，水與粉的比例愈高，濃度愈低。	咖啡粉：水＝1：10
悶蒸時間	悶蒸時間愈長，濃度愈高。	30秒，或是悶蒸水粉體撐至最大的狀態。
濾杯平均水位	平均水位愈高，濃度愈淡。	平均為八分滿。

圖解手沖

(STEP 1) 悶蒸

首先注入少量熱水在咖啡粉上，讓咖啡粉吸飽水份膨脹，舒展咖啡粉內部結構，以利第二次注水時帶出風味物質。

(STEP 2) 注水

待悶蒸膨脹體上層的水光消失後，開始進行注水。先從中心點落下水柱，再慢慢以繞圈方式由內往外注水，至接近濾杯邊緣時再從外往內繞圈回到中心點，讓所有咖啡粉均勻浸泡在水中。

(STEP 3) 斷水

持續注水直至濾杯內八分滿的高度時停止（1-2人份的小型濾杯，加入16公克咖啡粉；若使用2-4人份的大型濾杯，則加入23公克的咖啡粉）。

(STEP 4) 補水

待水位稍降至七分滿時，再次注水。注水方式同STEP 2。持續注水直至達到所需咖啡液總量後停止。

(STEP 5) 移杯

達到需要的萃取量後，將濾杯從盛裝咖啡液容器上方移開，置於其他盛接器皿上，享用剛沖好的美味咖啡。

手沖濾杯比一比

金屬濾網

KINTOSCS 不鏽鋼濾網

雖是錐狀的單孔設計，但因為金屬濾網的網目細緻，因此萃取速度適中，也因為不鏽鋼濾網沒有使用濾紙，所以咖啡液中的油脂成分不會被吸收，萃取後可以完整保留厚實的存在感。

Kalita Wave 155系列

不鏽鋼蛋糕型手沖濾杯

WAVE濾杯又稱為蛋糕濾杯，因為使用的濾紙邊緣多褶，大大提升了萃取的效率，過水穩定順暢，咖啡液也可以平均地分布落下。WAVE濾杯是很適合初學者使用的器具，由於過水穩定，容錯率低，不論深烘或淺烘都可合宜發揮原有風味。

扇形濾杯

Melitta 101

經典的梯形濾杯，採三孔設計，可發現萃取的時間相對稍慢。若使用小杯的尺寸，可發現一下就滿了，需斷水等待。但也因為過水時間慢，咖啡粉悶蒸的時間長，適合表現深厚的咖啡風味。

玻璃濾杯

Hario V60玻璃錐形濾杯

此款濾杯的萃取表現穩定也順暢，也是目前手沖濾杯的主流。除了玻璃，也有陶瓷與樹脂的版本。玻璃版與陶瓷版的差異在於保溫性。玻璃的導熱係數小，在手沖時，理論上溫度很容易流失。不過因為手沖的時間短，其實可透過事先溫杯，避免類似的溫度差異。

陶瓷濾杯

KINTO SCS陶瓷濾杯

陶瓷濾杯是市場上主流也普遍的一種濾杯選擇，陶瓷濾杯的保溫性佳，也可以確保手衝過程中的溫度散失。此款濾杯的肋槽深也多，過水速度快，因此悶蒸的時間也相對稍短。使用時可針對過水速度與溫度進行掌握。

法蘭絨濾布

Hario 濾布手沖咖啡壺

不同於濾紙，法蘭絨材質保溫效果較好，所以沖泡時可以稍微調降水溫，由於法蘭絨濾布普遍容積小，沖泡時咖啡粉膨脹容易溢出，所以建議以緩慢和量水柱注水。使用法蘭絨濾布過濾的咖啡液，因為油脂都被濾布吸附，萃取出來的咖啡，口感會更為清淨滑順。

2-3
濾滴萃取
手沖濾杯

˅

濾杯的原型
• • • • • • • • • • •

Melitta 🛍 紅澤咖啡豆販

Melitta 101（二戰時期版本）

研磨度：中　　材質：陶

這支濾杯是Melitta二戰時期的古董濾杯，已經絕版，只能在拍賣市場中尋覓。此款濾杯的肋槽立體，從杯壁上方延伸至底部，三孔設計也讓水不會阻塞，過水速度快。

經典 | 機能 | 風格 | 入門 | 進階
49
一
1~2杯

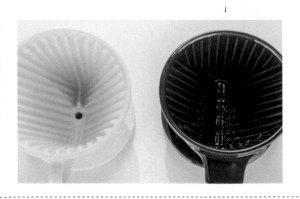

將Melitta古董(左)的一線濾杯與近代(右)的一線濾杯進行比對，可以發現杯壁的肋槽變得更薄。這是因為早期滴濾萃取的量往往很大，濾杯要強調速度，避免阻塞，讓萃取速度順暢，所以肋槽的設計較為立體。但近代更強調淺培風味，如果過水速度太快，風味的濃度也可能隨著速度被稀釋，因此把肋槽設計得更淺，減緩萃取時間。

Melitta 🛍 紅澤咖啡豆販

Melitta 101（一線濾杯版）

研磨度：中　　材質：陶

延續上一款Melitta濾杯的設計，但在濾杯最底部加入一條肋槽設計101濾杯進化版，底部的一肋槽，讓濾紙底部和濾杯孔洞之間爭取了更多空間，漸少積水的可能。由此可見品牌如何思考著讓濾杯更有效率的濾滴，也可見其設計的價值。

50 經典｜機能｜風格｜入門｜進階
1~2杯

輕巧卻也不簡單

KINTO 🛍 nest 巢・家居

SCS 濾杯 - 淡灰

研磨程度：中　　材質：樹脂

SCS濾杯採耐熱樹脂材質，提高使用的安全性，塑膠是熱不良導體，不易吸收熱水溫度，亦不需溫杯。肋槽呈放射狀展開，延伸至底部，過濾速度較快。托撐的底部設計，能輕鬆的搭配使用任何尺寸的馬克杯。此款適合搭配錐型濾紙，有2杯或4杯兩種份量可供選擇。

51 經典｜機能｜風格｜入門｜進階
2~4杯

KALITA　🍵 哈利歐股份有限公司

103-D傳統塑酯三孔濾杯

研磨程度：中　　材質：AS樹酯

101型的大份量版，分量增加但採用AS樹酯製成，重量輕盈易拿取。同樣維持三孔濾滴與內側低、兩側高的設計，肋槽設計雖不同於101版本，並未升高至杯口，醞釀咖啡品飲的重量感，也較適合中深烘風味的萃取，適合初學者入門選購。

經典│機能│風格│**入門**│進階

52
—
4~7杯

經典│機能│風格│**入門**│進階

53
—
1~2杯

THE GABI　🍵 米家貿易

MASTER A手沖濾杯組

研磨度：中　　材質：耐熱PP

韓國咖啡團隊The GABI 開發設計的濾杯組，讓泡咖啡如科學實驗般精準。先將盛水杯卡入灑水杯，置於咖啡濾杯上，接著將咖啡粉放入濾杯，擺放濾杯架於咖啡壺上即可開始沖泡。水倒入注水杯後，會穩定透過灑水杯上的16個濾孔，浸溼、沖泡咖啡粉，過程中因水溫會隨著時間緩緩降溫，建議90度左右的熱水為宜。

KALITA　🍵 哈利歐股份有限公司

101-D傳統塑酯三孔濾杯

研磨程度：中　　材質：AS樹酯

採用經典扇形設計搭配三孔濾滴，過水速度和緩，強調浸泡後的重量感。此款可沖泡約1-2杯的份量，份量較小，適合入門初學玩家使用。

經典│機能│風格│**入門**│進階

54
—
1~2杯

三洋產業　　　　　　　🛍 紅澤咖啡豆販

101扇形濾杯

研磨度：中　　　　材質：陶

從Melitta101開始，這種扇形的濾杯設計，也開始被其他品牌視為標準，並持續改良。雖然同樣是扇形設計，但三洋101濾杯底部的肋槽採取交錯並置，作用在於讓濾杯底部的濾紙撐起空隙。更特別的是，此款濾杯也是日本咖啡之神田口護店內御用的濾杯。

經典 | 機能 | 風格 | **入門** | 造層
55
1～2杯

經典 | 機能 | 風格 | **入門** | 造層
56
1～2杯

UN CAFE　　　　　　　🛍 米家貿易

UN CAFE錐形陶瓷濾杯

研磨度：中　　　　材質：白雲土

來自日本的UN CAFÉ手沖濾杯以白雲土材質製作，玻璃般清透的質地，觸感平滑溫潤，稍厚杯身具有良好的保溫性，手感輕盈。其內部肋槽採取上下交錯的設置，過水速度非常流暢，簡單好用。

57
—
350mL

HMM 🛍 Everyday ware & co

HMM咖啡用陶瓷系列

研磨程度：中

材質：日本瓷土、胡桃木（黑）、山毛櫸木（白）

此款咖啡壺組由台灣品牌HMM打造，結合陶瓷與木的組合，在瓷土的杯身上，加入實木握把。整體設計沉穩並具有溫潤質感，濾杯內側的肋槽均勻分布，萃取速度流暢，適合入門玩家使用。除了鑄鐵黑，並有蛋殼白兩種顏色。

原口陶瓷苑 🛍 eBay、網路拍賣

有田燒 Caff 骨瓷濾杯

研磨程度：中　　材質：骨瓷

此款錐形骨瓷濾杯，沖泡效應佳，流速適中，肋槽密集且多，但分為兩個段落，上層肋槽密集，但到了下層，肋槽數量少了一半，目的在於讓水流一開始快速通過，到了下層則將水和咖啡粉的接觸時間拉長，增加浸泡，而排水口則設計為圓形，讓水流可順暢排出，骨瓷材質不僅質感好，也增進咖啡的溫厚感。

58
—
2~4杯

UN CAFE 🛍 米家貿易

UN CAFE梯形陶瓷濾杯

研磨度：中　　材質：白雲土

和錐形濾杯同以白雲土陶瓷材質製成，梯形款多了可暫放濾杯的盛水盤，杯底更採用一線濾杯的設計，墊高濾紙與出水孔間的空隙，維持萃取順暢。白雲土燒製的瓷器具有可彩繪、色彩鮮豔之特性，共有8色濾杯可選擇，特別推薦給喜歡繽紛色彩的手沖達人。

客器客氣 　　　　　🏺 紅澤咖啡豆販

湛藍錐形濾杯、牙白錐形濾杯

研磨度：中

材質：陶

此款台灣設計、台灣製造的濾杯使用了6條肋去達成近似日本KŌNO樣式12條肋的效果。濾紙上半段貼壁，下半部肋槽則撐開濾紙與杯壁之間的空隙，引導水流從中央集中灌下，而不會從周邊擴散外露，除了使用最基本繞圈注水，也適合去表現像是點滴式等進階的技巧。

（60 經典｜機能｜風格｜入門｜進階 2~4杯）

醜小鴨咖啡師訓練中心 　　　🏺 光景

醜小鴨濾杯(UGLY Dripper)

研磨度：中　　　　材質：瓷

醜小鴨濾杯是一款極適合入門玩家使用的扇形濾杯，雖然是以扇形濾杯為基礎，但它在許多細節都有加入不同的思考。其杯壁的肋槽由高至低逐漸變薄，肋槽延伸至底部時消失，連帶影響萃取速度由快至慢。杯底為避免濾紙服貼，左右兩側與中央各加入了兩個架高的突起，下半段萃取具有浸泡的效果，但同時仍能流暢過水，是一款簡單好用的手沖濾杯。

（59 經典｜機能｜風格｜入門｜進階 1~2杯）

（61 經典｜機能｜風格｜入門｜進階 1~2杯）

東洋セラミックス　　⚫ 米家貿易

有田燒麥飯石濾杯

研磨程度：中　材質：有田燒、麥飯石

有田燒是日本最具代表性的傳統工藝之一，濾網背面設計有5條突起肋槽，提高置杯的穩定度，讓水順著濾杯流至咖啡杯內。搭配麥飯石濾網，不需另使用濾紙，過濾速度緩慢，不殘餘細粉，使咖啡的口感甘甜，也可當淨水器或濾茶器使用。長時間使用後，若水流變小，表示麥飯石濾網毛細孔已阻塞，可洗淨後放置鐵網上，於瓦斯爐上烘烤，以中火燒5至10分鐘，離火冷卻後，徹底洗淨即可再次使用，常保如新。

經典 | 機能 | 風格 | 入門 | 造型
62
—
1~3杯

アサヒ陶研　　⚫ 米家貿易

有田燒陶瓷圓孔濾杯

研磨度：中

材質：有田燒

此款有田燒環保濾杯，造型特殊具別緻美感，整體由兩個部分組成，外層為單孔錐形濾杯，內層是布滿圓孔邊緣黃釉的特殊濾器，圓孔旁邊緣有2至3條直線刻痕，加強溝槽導水功能。類似聰明濾杯的設計，可先浸泡再濾出，同時兼具濾壓與水沖式之特點，30至45度角度轉動開合，以調整孔隙，來達到過濾效果，不需使用濾紙。

經典 | 機能 | 風格 | 入門 | 造型
63
—
2-4杯

KŌNO　　　　　　　　　🥣 山田珈琲店

名門濾器

研磨程度：中　材質：壓克力、PCT樹脂

自1973年於市面販售的KŌNO名門濾器，已歷經超過40年的歷史。為了穩定每一隻濾器的規格與品質，統一使用塑料材質，避免塑型上的誤差。其肋骨集中於杯底後段，適合搭配KŌNO式點滴法注水。依據肋骨長短不同，其實KŌNO又可分為長肋骨（左）、中肋骨（中）與短肋骨（右）三版版本。1973年的經典款肋骨最長，2010年第二代為中肋骨，2015年因應90周年推出的第三代則是短肋骨。其中第二三代很適合入門使用，因為流速慢，可以沖出豐沛的味道。第一代的速度快，需搭配合宜的手沖技術。

經典｜機能｜風格｜入門｜進階
64
—
1~2杯

經典｜機能｜風格｜入門｜進階
65
—
2~4杯

安藤雅信　　　　　　🥣 紅澤咖啡豆販

手沖濾杯

研磨度：中　　　材質：陶

日本知名陶作家安藤雅信設計，以及親手製作的錐形手沖濾杯，造型優雅，把手的部分像是一個圓形的小戒指，對比著濾杯俐落的邊線。摺紙效果般的濾杯造型，被咖啡玩家們戲稱為紙火鍋設計，肋槽的設計同時隱入面與面之間的摺線。同款濾杯也推出了銀色版「銀彩」，色澤精美，也是收藏家的逸品。

Sarasa Design ⬤ 光景 Scene Homeware

Sarasa咖啡壺組

研磨程度：中　材質：陶

外型像極了一隻小酒瓶的Sarasa咖啡壺組，出自日本設計品牌Sarasa Design之手。日本設計、泰國生產，造型簡約優美，溫潤的下壺，也很適合使用於茶、清酒等其他飲品的盛載。

經典│機能│**風格**│入門│造型
66
—
2400 mL

Hario ⬤ 哈利歐股份有限公司

V60錐形濾杯

研磨度：中

材質：陶

經典的V60錐形濾杯，杯身採用可愛的雲朵米其林造型。在濾杯的設計上，最特別的地方在於內部肋槽，改採螺旋型設計。這是為了延長肋槽的長度，相對於直線的肋槽，螺旋性的肋槽的路徑讓更長，過水時拉力提高，也讓過水顯得更加順暢。

經典│機能│風格│**入門**│造型
67
—
2~4杯

大好吉日 ● nest 巢‧家居

「簷下四季」系列陶瓷濾杯

研磨程度：中　　材質：陶土

這款圓錐濾杯可沖泡2杯份，適用錐型咖啡濾紙，濾杯內緣設計有12道導水溝槽，從杯緣一直延伸到底部，出水口孔徑較小，流速先快而慢，可創造咖啡液後段厚實口感。外觀雙耳無把手的設計，簡潔而俐落，表面結合粗糙陶土與光滑釉面兩種觸感，呈現自然懷舊的風格。

經典 | 機能 | **風格** | **入門** | 進階
68
1~2杯

經典 | 機能 | **風格** | **入門** | 進階
69
1~2杯

星巴克 ● 星巴克

紅陶瓷濾杯組

研磨度：中

材質：陶瓷

此款濾杯組以白瓷濾杯搭配紅色馬克杯，增添沖泡咖啡時的溫暖氛圍，上方梯形濾杯為單孔式濾孔，底部出水孔旁設計有肋槽，為紙與濾杯壁間增加些許空隙，避免濾紙遮蓋濾孔。其滴濾速度慢，容易做出味道豐富的咖啡，適合搭配中深度烘焙的咖啡豆使用。

淡淡的手感

ZERO JAPAN　　哈利歐股份有限公司

素雅陶製雙孔101濾杯

研磨程度：中　　材質：陶瓷

素雅陶瓷雙孔咖啡濾杯是以扇形濾杯為基礎，但加入符合人體工學的握把，無論是左右手使用，皆順手不卡。雙孔設計避免產生淤塞，下方則以淺對流的模式，調節咖啡因流速過快而萃取不足；陶瓷具高度保溫性，且不易沾垢、方便清洗，使用時相當便利，後續清潔、保養也輕鬆簡單，適合不擅保養器具的你。

經典／機能／風格／入門／價格

70

1~2杯

經典／機能／風格／入門／價格

71

2~4杯

KINTO　　nest 巢・家居

SCS陶瓷濾杯 - 白

研磨程度：中　　材質：陶

圓潤小巧的造型，看起來相當可愛。杯壁設計有16條肋槽導流，上細下粗，一直延伸至杯底。使濾紙與杯壁間保持空隙。不易燙手，極佳的保溫性亦可減緩咖啡液降溫的速度。

咖啡迷的風格器物學

072
·····
073

PART
2-3
濾滴萃取

72

經典／機能／風格／入門／

2~4杯

KINTO
🔴 nest 巢·家居

SCS陶瓷濾杯 - 金屬黑

研磨程度：中　　材質：陶

KINTO與陶藝品牌「ONE KILN」創始人城戶雄介
（Yusuke Kido）合作生產的《SCS-S01》，以SCS同系
列陶瓷濾杯為設計原型，經過手工雕刻模具、反覆測試，
最終製作出這款具職人氣質的濾杯。採用鹿兒島當地黏土
及混合櫻島火山灰的釉料，讓濾杯散發礦石質感與金屬光
澤，杯壁18道上細下粗的導水溝槽使注水順暢，能萃取
出口感均勻的咖啡，可搭配錐形濾紙或SCS的不鏽鋼濾網
沖泡使用。

KALITA
🔴 哈利歐股份有限公司

101系列傳統陶製
三孔濾杯

研磨程度：中　　材質：陶

經典扇形設計，使用高保溫性的陶
瓷，避免因溫度產生咖啡變味。三孔
濾滴設計避免阻塞，更可減少咖啡液
長時間停留在濾紙與底部間隙內，避
免雜味產生。陶製易清洗且不沾垢，
喝完咖啡不必花時間清理器具，共有
白、黑、棕三色可選，適合喜愛溫潤
手感的咖啡愛好者。

73

經典／機能／風格／入門／

2~4杯

74

經典／機能／風格／入門／

2-4杯

KALITA
🔴 哈利歐股份有限公司

185系列有田燒陶瓷濾杯

研磨程度：中　　材質：陶瓷

185系列有田燒陶瓷濾杯屬於WAVE濾杯，搭配使用波浪
皺褶的波型濾紙，與一般濾紙相比，更可服貼且不卡咖啡
殘渣，容錯率高，非常好上手。沖泡時，水不會過度停
留，影響萃取程度與滋味，底部採以間隙設計，縱使注水
狀況不熟練，平直的底部也能與咖啡液融合，讓萃取品質
更均一。有田燒材質，已是代表性工藝，更為此品增加珍
逸之味。

月下陶坊　　🛍 紅澤咖啡豆販

藍染濾杯

研磨度：中　　　材質：陶

這個濾杯的色彩亮麗，具有藍染般抽象炫麗的效果。每隻濾杯的造型又有些微不同，有些濾杯在杯壁表面，並加入了類似布料編織的紋路與觸感。但它的底部沒有肋槽，所以也較容易阻塞，整體設計充滿了濃郁的日本風味，但較適合進階玩家。

風格 機能 入門 經典 進階
75
2~4杯

風格 機能 入門 經典 進階
76
2~4杯

陶知庵　　🛍 紅澤咖啡豆販

土耳其藍釉濾杯

研磨度：中　　　材質：陶

出自栃木縣益子燒的土耳其藍釉濾杯，色彩非常清新，造型古樸。它的設計非常有趣，可以發現它的內側杯壁採取了凹陷的肋槽，流速可能會很快，看似質樸的陶製造型，不同於傳統濾杯肋槽的設計，由此可發現設計者古怪、頗具個性的特質，適合進階咖啡玩家收藏、試驗的個性器具。

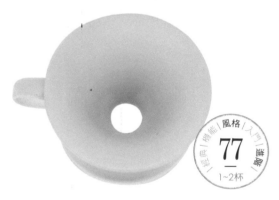

照井壯　　　　　　　　　　　　　　　🛍 紅澤咖啡豆販

有田燒青線白釉無肋濾杯

研磨度：中　　　材質：瓷

這是一款非常文青的濾杯，優雅的杯身設計、淺淡的配色，外型別具氣質。它的杯壁被燒製得非常薄，輕敲濾杯時甚至可以聽到類似敲擊金屬的清脆響聲。不過這款濾杯最大的特點就是它完全沒有加入肋槽，所以使用上具有相當難度。

（機能｜風格｜入門｜進階｜經典）
77
1~2杯

ORIGAMI　　　　　　　　　🛍 三分之二美科技

摺紙咖啡陶瓷濾杯木質杯座組

研磨程度：中　　　材質：陶瓷

杯座組包含了陶瓷濾杯具和木質杯座，濾杯的肋槽多但不深，且底部肋槽轉趨平淡。表示濾杯的前段濾水相對快，但刻意在後段帶有一點浸泡的時間；採陶瓷材質製成，利用悶煮萃鍊出咖啡的最佳風味，搭配市售的梯形濾紙即可使用。

（機能｜風格｜入門｜進階｜經典）
78
2~4杯

風格
79
—
1~2杯
經典｜機能｜入門｜進階

Torch　　　　　　　　　　　　　　　　　　🍮 米家貿易

Donut Coffee Dripper 甜甜圈濾杯

研磨度：中　　材質：白蠟木、陶瓷

此款濾杯杯深、傾斜角度近垂直，咖啡粉可在杯內堆積出較高的粉層，使單位面積萃取相對豐富，獨特的階梯式也與一般濾杯相當不同，水平肋構造具有擾流的效果，增加咖啡的醇度，底部為圓形單一濾孔，熱水能自然地下漏，不會囤積於底部，使用時需將扇形濾紙摺疊成相應的細長狀，木質的甜甜圈底座，可避免沖咖啡時高溫燙傷或打翻濾杯。

風格
80
—
1~2杯
經典｜機能｜入門｜進階

🍮 紅澤咖啡豆販

不知名手沖濾杯

研磨度：中　　材質：陶

出自不知名的陶藝家的特殊濾杯，設計極具個性化。可以看到杯壁內側中央加入了兩根架子，兩根架子的作用是把濾紙架起來，濾紙的上段會貼壁，但下面則有大量空間，適用扇形濾紙與155濾紙。

Hario　◗哈利歐股份有限公司

V60玻璃錐形濾杯

研磨度：中　　　材質：玻璃

同樣採用V60的杯身設計，但材質改用耐熱玻璃。不同材質的溫降速度或有差異，對於居家咖啡手沖玩家來說，其實只要在進行手沖前，以熱水先進行溫杯，便能平衡不同材質之間溫度落差。

經典｜機能｜風格｜入門｜進階
81
2~4杯

手沖的光芒

經典｜機能｜風格｜入門｜進階
82
600mL

Driver　◗村宜企業

I-DRIPPER變化濾杯組

研磨程度：中

材質：18/8不鏽鋼 、TPR、耐熱玻璃、鎂鋁合金

概念是將目前最夯的3C產品所使用的鎂鋁合金外殼工藝，帶入咖啡領域，讓實用商品融入豐富的設計美學。承架以鎂鋁合金陽極處理工藝，具有極佳輕量化特性，可側放為ㄇ字型，降低高度，搭配馬克杯使用。濾杯以特殊鑽石切割面設計，能讓水與空氣之對流達到絕佳流速，創造完美萃取。經過縝密計算，耐熱玻璃厚度達到最佳保溫效果，又不至於增加過多重量，運用材料最佳CP值。

HMM

Gaze玻璃手沖咖啡壺

研磨程度：中　　材質：雙層玻璃

台灣設計的玻璃手沖壺，濾杯與下壺皆由玻璃製成，優美的造型，讓手沖咖啡變成一種優雅的享受。上方濾杯的肋槽，採用了類似V60的螺旋紋走向，萃取速度流暢。萃取後的咖啡液直接流入下壺，下壺壺身並有標示100mL與200mL，方便確認容量。

83
—
1~2杯
經典｜機能｜風格｜入門｜造型

84
—
2-4杯
經典｜機能｜風格｜入門｜造型

Driver

村宜企業

鑽石濾杯

研磨程度：中　　材質：耐熱玻璃、18-8不鏽鋼

特殊鑽石切割面設計，能讓水與空氣的對流達到絕佳流速，採食品級耐熱玻璃研製，耐熱玻璃厚度可達到最佳保溫效果，又不至於增加過多重量，運用材料的最佳CP值。底盤採用SUS304食品級不鏽鋼精製，適用於各種杯壺口徑。亦可將上下座拆卸清洗，設計方便貼心。

KALITA　　　　　　　　　　🍵 哈利歐股份有限公司

経典 | 機能 | 風格 | 入門 | 進階
85
1-2杯

155系列不鏽鋼蛋糕型手沖濾杯

研磨程度：中

材質：不鏽鋼、塑酯、黃銅

WAVE濾杯又被稱為「蛋糕濾杯」，是最適合初學者
使用的一種濾杯，容錯率高，過水穩定順暢是非常值
得投資的入門器具。其特有的波浪皺褶，可以減少濾
紙與咖啡的接觸面，縱使注水不穩定，平攤的底部設
計也能融合咖啡液，達成均一萃取的理想狀態。由於
WAVE濾杯的使用簡單，風味穩定，也有許多咖啡店選
擇其作為出杯營業的理想器具。

Driver　　　　　　　　　🍵 村宜企業

鈦咖啡濾杯

研磨程度：中

材質：18-8不鏽鋼、濾網表面鍍鈦、
TPR

鈦材質的特性比不鏽鋼強度更高，耐
腐蝕力比316不鏽鋼（18/10不鏽鋼鋼
材）更佳，抗菌率也比316不鏽鋼更
高，無毒且不易殘留異味，強調高密
度細濾網，可細緻濾除咖啡粉，金黃
色的外觀更是引人注目！

経典 | 機能 | 風格 | 入門 | 進階
86
2~4杯

KALITA　　　　　　　　　　🍵 哈利歐股份有限公司

101系列銅製三孔濾杯

研磨程度：中　　　材質：銅、鍍鎳合金、電木

經典扇形濾杯，採用具高度保溫性的銅製材質製成，
肋槽短淺的三孔設計，訴求良好的悶蒸與浸泡效果。
手把則以電木製成，方便拿取且不易燙傷，使用後需
風乾收納，避免氧化。

経典 | 機能 | 風格 | 入門 | 進階
87
2-4杯

復古氣質

咖啡迷的風格器物學

080
‥‥‥
081

PART
2-3
濾滴萃取

KALITA　🥣 哈利歐股份有限公司

TSUBAME 155銅製濾杯

研磨程度：中　　材質：銅

KALITA TSUBAME 155銅製濾杯為「KALITA」與「MADE IN TSUBAME」首度合作商品！由日本新瀉縣燕市(Tsubame)專業工匠純手製，燕市是日本金屬餐具的主要產地，以金屬加工工匠與其專業技術聞名！其美感令人驚艷，視覺效果為手沖帶來無限的想像空間，設計同樣有著與KALITA傳統濾杯相同的三個濾孔，平面底部使水流平穩萃取均勻，搭配的波浪濾紙更能隔開咖啡粉並維持熱度，讓每一次的萃取口感都完美一致。

風格 88
1-2杯
質威 | 機能 | 風格 | 入門 | 造價

金網つじ　🥣 森/CASA

手編咖啡濾網

研磨度：中

材質：紅銅

以傳統京都純手工編織製作而成的紅銅圓錐咖啡濾杯，不論是紅銅編線的旋轉次數，或六角龜紋的編織大小長短，都是職人研究並不斷測試的結晶。以紅銅編織而成的濾網，因沒有肋槽，故過水效率極佳。而濾網底部也加入了一紅銅漏斗狀的濾杯底座，方便濾網放置在馬克杯或下壺上。

風格 89
1~2杯
質威 | 機能 | 風格 | 入門 | 造價

Driver

🛍 村宜企業

黃金流速濾杯

研磨程度：中　　材質：18-8不鏽鋼、TPR

Driver第二代不鏽鋼咖啡濾杯，首創渦流設計，能在自動旋轉導引下創造最佳的黃金流速。與虹吸壺、一般濾杯相比，口感層次更豐富，更能保留完整風味。而黃金流速最主要的原因是外層濾網，設計成螺旋的紋路設計，水流在往下流動時會順著螺旋的紋路流動，產生螺旋，達到萃取的均勻度。

濾紙的進化

KINTO　　　　　　　　　　　　　　　　nest 巢・家居

SCS不鏽鋼濾網

研磨程度：中　　　材質：不鏽鋼、Tritan塑料

可以取代濾紙，也能用來泡茶。熱沖後不殘留金屬味，其孔目極細、滴濾速度較慢，較宜搭配水柱略強的粗口手沖壺，也能保留住更多咖啡內的油脂成份。網底貼心設計有金屬墊片能巧妙地沈積部分細粉，沖煮後咖啡內會殘留些微細粉，建議研磨程度不要太細。可搭配Kinto陶瓷濾杯、KŌNO錐形濾杯或是Hario V 60錐型陶瓷濾杯使用。

91
—
2~4杯

經典│機能│風格│入門│價格│外型

The Coffee Registry

光景 Scene Homeware

黃銅手沖架

材質：黃銅、實木

看起來很像檯燈，但它最大的特點就是加入關節設計。它也是最早期在手沖架中，加入關節設計的品牌之一。關節的設計看似復古，實則兼具實用機能。使用者可以依照下壺的大小與高度，調整手沖架的角度與高低位置。

經典 | 機能 | 風格 | 入門 | 進階
92

EARTH

米家貿易

不鏽鋼手沖座

材質：304不鏽鋼

市面上手沖架的造型相當多，EARTH雙孔式水沖座能提高連續沖煮的效率，且適用各式沖煮工具，包含愛樂壓、手沖濾杯，亦考量聰明濾杯之使用加入卡榫設計，另可搭配電子秤掌握沖煮時咖啡粉與水之比例。另有單杯、三杯等不同款式造型。

經典 | 機能 | 風格 | 入門 | 進階
93

萃取是一種設計

咖啡迷的風格器物學

084
.....
085

PART
2-3
濾滴萃取

經典｜機能｜**風格**｜入門｜進階

94
—
1~2杯

Driver

🔘 村宜企業

不鏽鋼濾杯承架

材質：18-8不鏽鋼

Driver為台灣精品、台灣製造，主張環保可以很時尚、設計可以很親民，創意可以很實用。以台灣優良製造技術為根基，融入在地創意文化，除了受台灣本地咖啡達人採用，也外銷國外。此款承架為18-8不鏽鋼支架設計，特殊結構設計，放置承接容器時，不易滑動。

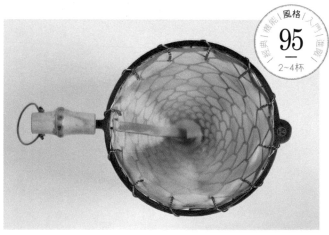

經典｜機能｜**風格**｜入門｜進階

95
—
2~4杯

品研文創

🔘 品研文創

銅編咖啡漏

研磨程度：中　　材質：銅、不鏽鋼

設計靈感來自於原本運用於撈麵勺的傳統金屬網編技術，品研團隊多次探訪台灣傳統師匠網編技藝，將之轉化為茶漏及咖啡漏，是傳統文化當代轉型的絕佳設計範例。

[bi.du.hœv] 🍵 [bi.du.hœv]

Oblik 手沖咖啡座

研磨度：中

材質：赤銅、手工玻璃、混凝土、鐵木

刻意提高手沖咖啡架的高度，方便使用者同時放置咖啡杯與磅秤，濾杯架身可插拔，方便使用後清洗。濾杯下方並加入閉鎖的活拴，使用者可視萃取狀況，關閉活拴。考量使用情狀的設計態度，才是隱藏在造型美背後的真正價值。

機能｜風格｜入門｜海瀨｜典藏

96

550mL

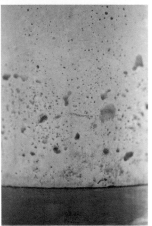

KALITA   ◉哈利歐股份有限公司

土佐和紙珈琲濾杯

研磨程度：中　材質：18-8不鏽鋼

此款濾杯是KALITA蛋糕濾杯的特別版，仔
細觀察可以發現杯底的部分，加入了3個L
型的鐵片，可以墊高濾紙，同時阻擋了水
流，減緩過水速度。此款濾杯專用的「土
佐和紙」，紙張的磅數更薄，質地也比較
細緻。比較屬於咖啡玩家的收藏玩物。

|變型|機能|風格|入門|進階|
97
1~2杯

|變型|機能|風格|入門|進階|
98
1~2杯

Legendary Swan   ◉米家貿易

達人咖啡壺專用濾網NO.3

研磨度：中　材質：304不鏽鋼

此款由台灣研發設計的圓錐狀濾網，濾網孔相
當細密，相較其他金屬濾網能過濾掉絕大部分
細粉，底部為單一濾孔，搭配有濾網架，可放
置於各式咖啡壺或杯上使用，口徑小於11cm
皆可使用。

KINTO　　　　🔔 nest 巢·家居

Faro 手沖咖啡壺組

研磨程度：中　材質：瓷器、不鏽鋼

製造於日本知名陶瓷產地長崎坡佐見町，其
特色是中空的雙層杯壁設計，可隔熱又具保
溫的效果，圓柱狀金屬濾網置於濾杯內，濾
網內部有上下兩段參考線，清楚標示出咖啡
粉量及注水量，粉末經熱水浸潤後，由杯
底中心的洞孔流出。上杯蓋能保留咖啡的
香氣和風味，沖完還可做為茶托使用，亦
可擺放濾網當作滴水盤，曾於2009年曾獲
「GOOD DESIGN AWARD 優秀設計獎」。

經典｜機能｜風格｜入門｜進階

99
430mL

咖啡迷的風格器物學

088
.....
089

PART
2-3
濾滴萃取

風格 入門
經典 機能 100 耐用
2~4杯 質感

KINTO　　　　　　　　　　　　　🛍 nest 巢・家居

SCS經典黃銅手沖咖啡四件組

研磨程度：中　　　材質：銅、鈦

「SLOW COFFEE STYLE specialty」系列黃銅手沖咖啡四件組，使用黃銅噴砂支架，搭配核桃色仿舊造型木架板。黃銅支架桿上的旋鈕能彈性調整濾杯高度，沒有咖啡液浸泡於杯內的問題，可自由搭配使用任何高度或口徑的杯具或咖啡壺。金色不鏽鋼濾杯不需另使用濾紙，不僅方便且環保，表面的鈦塗層，更能減少沖煮時氣味的殘留。

Driver
◗ 村宜企業

不鏽鋼濾杯典藏版

研磨程度：中　材質：18-8不鏽鋼、原木、耐熱玻璃

一次網羅不鏽鋼濾杯、原木承架、可微波耐熱玻璃壺，金屬高密度極細濾網，可有效濾除咖啡細末，耐用並免濾紙。獨特原木承架將金屬與原木完美結合，優美的弧線呈現典雅視覺效果，並提供良好支撐，台灣製造耐熱玻璃壺，附容量刻度標示，沖泡方便簡單，耐熱120℃，且可於微波爐中加熱使用。

風格｜入門
機能 **102** 平價
經典 ─
2~4杯

Driver
◗ 村宜企業

J.S.工業4.1 咖啡濾杯壺組

研磨程度：中

材質：清水模 + 碳鋼烤漆承架、不鏽鋼、PP、耐熱玻璃

台灣設計團隊開發，設計特點在於團隊大膽使用了金屬與清水模的跨材質組合，也因為製作難度高，導致開發過程經歷了多次失敗。除了承座，下壺的握把與壺蓋，同樣使用了清水模材質，讓整體設計顯得一致，也別具風格。

風格｜入門
機能 **101** 平價
經典 ─
600mL

[bi.du.hœv]　　🫖 [bi.du.hœv]

日安 手沖咖啡座

研磨度：中　材質：赤銅、手工玻璃、鐵木

純手工吹製濾杯，玻璃濾杯內側加入了立
體凸軸，達到與肋槽的效果。螺旋狀的凸
軸設計類似V60，擁有極佳的過水效果。
玻璃下壺並包覆了編織防燙套，方便取握
的同時，也讓每日早晨的咖啡品飲，成為
餐桌風景的必然。

經典 | 機能 | 風格 | 入門 | 實用
103
—
450mL

TOAST

● nest 巢・家居

H.A.N.D咖啡沖泡壺組

研磨程度：中　　材質：不鏽鋼、耐熱玻璃

H.A.N.D系列咖啡沖泡壺組，以幾何線條為設計特色，獨特的紅銅支撐曲線，運用簡約精神，提供優美的手沖視覺，完美的架狀濾杯，不論是搭配單層玻璃把手的600mL壺組，或是雙層防燙效果的300mL玻璃壺組，皆能配合V60濾杯使用，穩定不易滑動。玻璃壺身上不同比例的小白點，簡約地標示出容量，並維持整體設計的簡潔度。

KINTO ● nest 巢・家居

CARAT 咖啡沖泡壺組

研磨程度：中粗　材質：不鏽鋼、耐熱玻璃、矽膠

此款由不鏽鋼濾網、玻璃濾杯和不鏽鋼支架組成，分為上下兩部分，上層圓錐狀金屬濾網，表層布滿0.3mm極細孔洞，可沖泡出乾淨口感的咖啡；外層配上全透明濾杯，杯底有單孔開口，水流速度慢。下方咖啡壺以耐熱玻璃材質製成，壺身圓點標示出不同沖泡份量，超輕量設計手感輕盈。

105
—
720mL

|經典|機能|風格|入門|華麗|

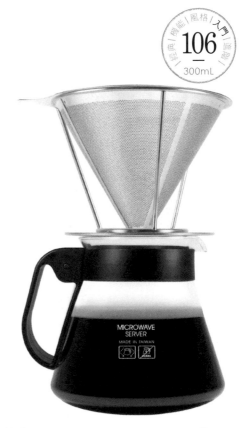

106
—
300mL

|經典|機能|風格|入門|華麗|

Driver ● 村宜企業

不鏽鋼濾杯禮盒組

研磨程度：中　材質：18-8不鏽鋼、耐熱玻璃、PP

此系列為18-8不鏽鋼支架搭配不鏽鋼濾杯，高密度極細目濾網。分離式承架設計，各式杯口及玻璃壺皆適用。濾杯系列皆為台灣製造，全球首創專利雙層不鏽鋼濾杯，可以有效過濾咖啡達到無細末的清澈程度，2013在德國法蘭克福首度獲得歐美日韓數國熱烈迴響，讓世界看見台灣設計的堅實功力。

KINTO

🛍 nest 巢・家居

SCS 手沖咖啡壺組（濾紙型）

研磨程度：中

材質：耐熱玻璃、共聚酯、AS塑料、棉漿

3件一組的設計包含耐熱樹脂濾杯、玻璃下壺及量杯，壓克力量杯可做為咖啡豆秤重的器皿，也可暫放用過後的濾杯使咖啡液滴出。流線型下壺的弧狀曲線，能讓濾出的咖啡粉沈澱於壺底，所以搭配金屬濾網也合宜，每組內附20張日本製造的棉紙，能有效分離咖啡渣與液體，適合喜歡純粹口感的咖啡玩家。

KALITA　　　　🍵 哈利歐股份有限公司

185系列波浪手沖玻璃壺組合

風格 | 入門 | 機能 | 經典 | 進階

108
—
600mL

研磨程度：無

材質：耐熱玻璃

此組合包含咖啡壺、185系列濾杯、185系列濾紙與塑料咖啡量勺。以耐熱玻璃打造而成，微尖的開口方便傾倒咖啡液，不易流出；濾杯採以三孔的滴水孔設計，使萃取出的咖啡能夠快速滴進咖啡壺裡，搭配185波紋濾紙，近似圓錐形的設計概念，讓熱水可以平均順流而下，即使手沖過程水流偏向同一側，平底的設計也能充分浸泡每一粒咖啡粉。

HURED　　　　🍵 米家貿易

MY DRIP玻璃下壺手沖組 CD04(濾紙版)

研磨度：中

材質：304不鏽鋼、耐熱玻璃

玻璃咖啡壺搭配錐狀金屬濾器的款式，內層的金屬圈搭配濾紙可加速導流。濾杯耳的設計，沖泡後能方便倒掉濾紙及咖啡渣。另附有盛豆皿，可測量粉量或暫放使用後的濾杯。

風格 | 入門 | 機能 | 經典 | 進階

109
—
2~4杯

HURED　　　　　　🍵 米家貿易

MY DRIP玻璃下壺附彈簧
濾杯組GD03

研磨度：中

材質：304不鏽鋼、耐熱玻璃

耐熱玻璃濾杯下方搭配雲朵造型玻璃壺，玻璃濾杯中加裝了不鏽鋼材質製成的彈簧濾紙架，加快咖啡萃取的速度。彈簧架採可拆式設計，可拆下單純使用濾杯，沖泡另種口感的咖啡風味。

Hario 　哈利歐股份有限公司

濾布手沖咖啡壺

研磨度：中　　　材質：棉

由於法蘭絨濾布的結構相對於濾紙，結構更加鬆散，空隙也更多，因此更能保留咖啡豆原有的醇厚風味。不過使用後的濾布要用熱水好好清洗，因為咖啡粉中的油脂容易吸附在濾布上面，清洗不乾淨的話殘留物容易產生不好的味道，進而破壞咖啡的風味。

經典 | 機能 | 風格 | 入門 | 隨興
111
2~4杯

咖啡迷的風格器物學
096
‑‑‑‑‑
097

PART
2-3
濾滴萃取

手沖咖啡壺步驟

I　：　16

COFFEE BEAN　WATER

STEP.1
咖啡粉與水的比例約1:16、磨豆粗細約3~4號、水溫約84至90度。

STEP.3
看到泡沫開始往下塌陷時，再開始第二次注水，一樣從中心開始輕輕繞圈，並注意水量一致。

STEP.2
第一次注水須等待咖啡粉停止膨脹，約30至40秒。

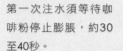

STEP.4
持續均勻地注水，緩慢繞圈約5到6圈。注水的過程約2分鐘，依預計沖煮的時間而定，建議深焙咖啡豆2分至2分半，淺中焙咖啡豆2分半至3分鐘為佳。

Trinity Coffee Co.

光景 Scene Homeware

Trinity ONE

材質：胡桃木、不鏽鋼、耐熱塑膠

此款咖啡機在咖啡圈曾引起不小話題，歷經兩次募資後終於順利上市。外型美觀，同時兼具實用性，不需要插電，放入濾紙與咖啡粉，即可進行手沖。放入極富重量的壓筒，則具有愛樂壓的效果，也確保了每一次都能產生相同且穩定的壓力；把手並附有一個擋片，把過水孔鎖起來後，還可變形為浸泡萃取。一台機器變化手沖、愛樂壓以法式濾壓壺「三位一體」的萃取方式。

112

1~2杯

風格 機能 經典 入門 進階

手沖壺

小水柱的提案

星巴克

🛍 星巴克

藍粉櫻掛耳手沖壺

材質：不鏽鋼

方便居家或辦公室使用，外型小巧可愛，適合掛耳式咖啡專用。耳掛式咖啡最佳的品嚐沖泡量是180至200mL左右，以熱水瓶沖泡，水溫過高，且水量不易掌握。透過細口壺沖泡，將水溫控制約90至95℃，則能將沖出咖啡最佳的風味。

113
—
210mL
經典 | 機能 | 風格 | 入門 | 進階

114
—
840 mL
經典 | 機能 | 風格 | 入門 | 進階

115
—
700mL
經典 | 機能 | 風格 | 入門 | 進階

星巴克

🛍 星巴克

玫瑰金胡桃木把手手沖壺

材質：不鏽鋼、胡桃木

大容量手沖壺，可搭配3至4人濾杯使用。壺身以不鏽鋼電鍍紅銅，造型與星巴克門市內使用的手沖壺相同，胡桃木製成的握把及壺蓋鈕還能防止燙手。壺頸彎曲角度平緩，流量容易控制，適合新手使用，壺身兩面打印的刻度，貼心標示出冷熱及不同份量咖啡所需之水量。

TIAMO

🛍 TIAMO

青鳥斜口細口壺

材質：不鏽鋼、原木

此款最大特色是壺嘴可90度注水，易掌控水量，維持水流穩定垂直，表面經砂光霧面處理不易沾指紋，原木把手能有效隔熱，握感舒適。上蓋有透氣孔可幫助散熱，並附有溫度計插孔，方便測量水溫，是適合新手入門的壺種之一。

TOAST ⬤ nest 巢・家居

H.A.N.D紅銅款手沖壺

材質：不鏽鋼、櫸木

香港設計團隊Milk Design 為TOAST設計的「H.A.N.D」
系列手沖壺，304（18-8）不鏽鋼材質的壺身具有耐用好
保養的特性，表層電鍍紅銅，銅材質提高其導熱效能，讓
壺口溫度均勻。細嘴造型的設計在沖泡咖啡時能輕易控制
水量。

HURED　　　　　米家貿易

BEANPLUS HURED
DRIPPOT 不鏽鋼手沖壺

材質：不鏽鋼

此款小尺寸手沖壺，採無蓋式設計、細口壺嘴出水口徑7公釐，水流細且穩定，用來沖泡濾掛式咖啡相當適合。

經典 | 機能 | 風格 | 入門 | 進階

117
—
350mL

Driver　　　　　村宜企業

PLUS手沖壺

材質：18-8不鏽鋼

壺身採用一體成型製造，造型圓潤、弧線唯美獨特，使用超厚1.2mm等級鋼材，耐用不易變形、不易氧化。完美角度壺嘴口，擁有細緻且穩定的出水表現，獨特設計的力學手把與壺嘴高度結合，即使初學者也可輕易達到一定水平。簡易型溫度計插孔，方便測量溫度，附水位線550mL，每50mL一單位，可精準計量水位。可耐高溫，適用於迷你瓦斯爐上加熱使用。

經典 | 機能 | 風格 | 入門 | 進階

118
—
550mL

經典 | 機能 | 風格 | 入門 | 進階

119
—
600mL

KALITA　　　　哈利歐股份有限公司

不鏽鋼細口手沖壺

材質：不鏽鋼

KALITA不鏽鋼細口手沖壺可盛裝約600mL的水量，相比同類型較為迷你，使用時也更為輕便好上手，女性也能輕鬆體驗手沖咖啡的樂趣。日本製，採用18-8高級不鏽鋼製成，耐熱且保溫效果佳，不因水溫影響沖泡品質。特殊的圓形設計，比起細長型更可愛獨特，表面經不鏽鋼處理，帶有金屬光澤，耐看又耐用，一只可使用多年，是值得投資的單品。

Miyazaki Seisakusho ⬤ www.miyazaki-ss.co.jp

Miyaco Single Drip

材質：不鏽鋼、木頭

此款手沖壺的造型極類似日本傳統茶壺，因為壺身多出了一個握把，所以此壺較適合右撇子使用。壺嘴直徑7mm，壺嘴內部並加入精細拋光，可以流暢控制滑順的細微水流。黑色手沖壺搭配桃花心木握把，銀色版則使用白樺木，可依照個人居家環境，挑選合適配色。

經典 | 機能 | 風格 | 入門 | 進階

120
—
400mL

經典 / 機能 / 風格 / 入門 / 進階 / 專業
121
—
900mL

KALITA 🛒 哈利歐股份有限公司

細口銅製手沖壺

材質：銅

此款日本製細口壺是KALITA的經典入門壺，也被稱為「宮廷壺」。其最大的優點就是其近似圓體的壺身，以及細長的壺頸。傾斜注水時總能穩定控制流出綿密的水流，是款頗適合咖啡入門玩家使用的基本手沖壺。

經典 / 機能 / 風格 / 入門 / 進階 / 專業
122
—
600mL

VIRUS 2.0 🛍 UNI CAFE

棉花罐細口手沖壺

材質：304不鏽鋼 、銅鍍環保鎳

眾多咖啡玩家好評推薦的入門手沖壺，MIT台灣製造，內徑僅4mm的超細壺嘴設計，符合人體工學壺嘴長度，輕巧好上手，怎麼沖都是涓涓細流。使用食品安全標準之304不鏽鋼，堅固耐操，好清潔易保養。

123
—
600mL
經典｜機能｜風格｜入門｜進階

124
—
750mL
經典｜機能｜風格｜入門｜進階

125
—
750mL
經典｜機能｜風格｜入門｜進階

| 金澤壺　　🍵 山田珈琲店 | KŌNO　　🍵 山田珈琲店 | KŌNO　　🍵 山田珈琲店 |

金澤壺

材質：18-8不鏽鋼

此款細口壺的造型最大的特點，就是在細口壺的壺嘴中，卻加入了翻唇的設計。此款手沖壺的壺嘴是專為「金澤式咖啡萃取法」所設計，翻唇壺嘴的設計除了易於點滴注水外，可以讓水流注出與粉面呈現90度的垂直角度，水柱的表現與應用更為細緻巧妙。

M5廣口不鏽鋼手沖壺

材質：18-8不鏽鋼

由KŌNO委託YUKIWA特別訂製的款式。寬口、鶴嘴，大水小柱皆可完成，屬於進階使用的版本，手柄為中空設計，手柄上下各有兩個小孔可透氣散熱。壺身以鉸鍊連接上蓋，澆注時不易掉落，壺頂還有個小孔讓空氣流通，厚實的不鏽鋼壁具良好保溫效果。

M5細口不鏽鋼手沖壺

材質：304不鏽鋼

此款手沖壺也是KŌNO式點滴法的推薦用壺，因為壺嘴縮小，所以相對更能穩定控制水流，水柱的力道柔軟，相對容易做出穩定的點滴，壺內出水口設計沒有擋片，讓水流出更加順暢。

經典｜機能｜風格｜入門｜進階
126
—
約600mL

MORICO

🖐 紅澤咖啡豆販

手沖壺

材質：雙層不鏽鋼

此款手沖壺出自日本新瀉燕市的MORICO，燕市是日本工藝五金生產極佳的一個城市，此款手沖壺的最特別的地方，便是其壺嘴設計可以讓壺嘴放得更貼近濾杯，讓水柱的沖力，減到最弱，維持小水注的注水。它的焊接技術非常好，雙層不鏽鋼的材質可斷熱，且能直接手握壺身，穩定度更高。此手沖壺具有非常漂亮好用的壺頸設計，但很可惜目前已絕版，只能透過海外拍賣網站搜尋。

KALITA   ⬤ 哈利歐股份有限公司

TSUBAME 手工不鏽鋼細版手沖壺

材質：不鏽鋼

KALITA TSUBAME手工不鏽鋼細版手沖壺，由日本新潟縣燕市專業工匠純手工製作而成。每只手沖壺皆經多次調整與修改，弧線順暢優美，是可比擬藝術品的咖啡器具。壺頸細且加入角度，方便注水時貼近濾杯，穩定注入柔軟水柱，沖出穩定而高水準的一品咖啡。

風格｜入門
機能
經典｜進階
127
700mL

風格｜入門
機能
經典｜進階
128
750mL

YUKIWA   ⬤ YUKIWA

特製霧黑版手沖壺

材質：304不鏽鋼

由日本咖啡喫茶器具專賣店Union委託YUKIWA製作的限量壺，專為手沖而設計，霧黑色器具散發低調沉穩的美感，有著近似於KALITA的鶴嘴出水口及優美的雙線條隔熱手把；壺內擋板的設計，能過濾掉茶渣，亦當作泡茶壺使用。此款式不建議直火加熱使用，以避免掉漆。

Monarch Methods

🥣 光景 Scene Homeware

KETTLE - MK320、MK500

材質：紅銅、小牛皮

此款手沖壺具有搶眼的外型，捨棄了壺把的設計，讓使用者可以直接手握壺身，手感更為扎實，重心就在手掌之間。壺身由紅銅打造，由於銅的導熱快，所以此款手沖壺在壺身外部，包覆上了一層皮套，手握壺身的時候可以避免燙手，同時也具有保溫的效果。其壺身包覆的皮套，也有不同版本，綁帶設計為第一代，市面上已難尋，二代則改採軍規魔鬼氈設計，更方便穿脫。

經典 | 機能 | 風格 | 入門 | 進階
129
320、500mL

機能 | 風格 | 入門 | 進階 | 經典
130
700mL

KALITA

🥣 哈利歐股份有限公司

不鏽鋼烤漆細口手沖壺

材質：不鏽鋼

KALITA不鏽鋼烤漆細口手沖壺整體為不鏽鋼材質，外觀以手機表殼塗漆方式彩色電鍍。細長壺嘴穩定出水量，讓每一處的咖啡粉都能均勻受熱悶蒸；底部搭配同色系矽膠墊，擺放時能避免滑動及碰撞，使用時更安心不怕燙傷；雙層把手設計加強散熱，能避免一觸過燙的危險發生。

Smart.Z   🥣 紅澤咖啡豆販

手沖壺

材質：不鏽鋼鍍鈦

非常美麗的手沖壺，其最大特色就是它不鏽鋼鍍鈦發色的亮麗外觀。直切的壺嘴設計，水柱較強。此外也有鶴嘴翻唇的設計，鶴嘴設計的手沖壺，注水表現有助控制大小水流的切換。

經典 | 機能 | **風格** | **入門** | 進階
131
—
550mL

經典 | 機能 | **風格** | **入門** | 進階
132
—
550mL

協和工業   🥣 紅澤咖啡豆販

手沖壺

材質：琺瑯

此款手沖壺直接把圖案印在壺身上面，所謂的琺瑯就是在金屬的表面上了一層陶瓷。多了一層陶瓷，水不會接觸到金屬，保溫性比較高。細口的壺嘴設計，可表現出柔和的水柱，協和工業的金屬較厚實，代表作為X-Japan Hide的手沖壺。

經典 | **機能** | **風格** | 入門 | 進階
133
—
約600mL

咖啡迷的風格器物學
108
‥‥‥
109

PART
2-3
濾滴萃取

水流的風格

機能｜風格｜入門｜進階
134
—
單萃｜900 mL

KINTO

⬤ nest 巢・家居

POUROVER KETTLE 手沖壺

材質：不鏽鋼（氟樹脂塗料）、尼龍

此壺最大的特點是下凹的平口壺蓋，以不導熱材質製成的鉸鏈連接壺身，單手即可操作。握把由尼龍材料製成，內含有玻璃纖維，內側可貼合手掌曲線，手感舒適。壺嘴窄，可精確控制流速。共有亮銀、霧銀和黑色3種款式可供選擇。

Atti咖啡研究工坊　🗨 紅澤咖啡豆販

手沖壺

材質：不鏽鋼

台灣設計、台灣製造，全手工訂製。此款手沖壺採取片狀設計，焊接成八角形的獨特造型。常見的手沖壺壺管的內側上方，可以看到一條細微的接縫，這個接縫往往會影響水注的形狀。此款手沖壺更特別的是，它的壺管使用了醫療級的無縫管，讓注水的表現更為柔順。

經典｜機能｜風格｜入門｜進階
135
客製訂購

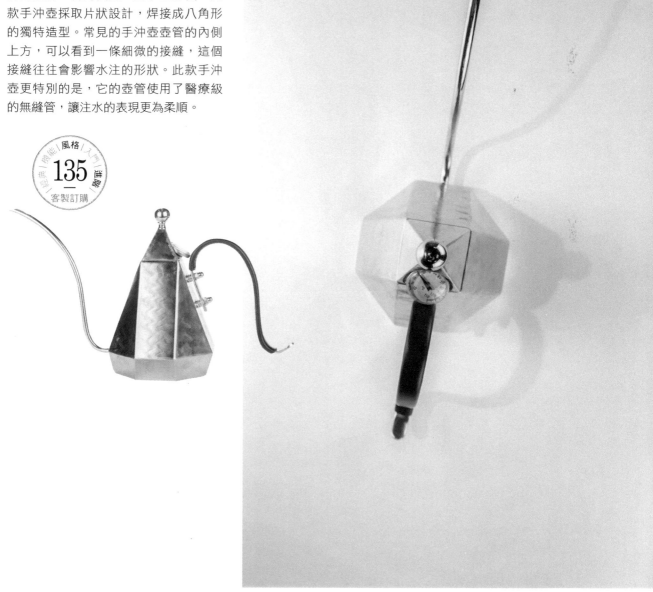

KALITA　哈利歐股份有限公司

不鏽鋼原木把手波紋手沖壺

材質：不鏽鋼

雲朵造型的壺身，樣貌可愛。使用鶴嘴的翻唇設計，除了畫繞注水，也適合用於點滴法。壺頸偏寬但高度稍高，和緩了調節大小水量變化的傾斜角度。可使用瓦斯爐、電磁爐直接加熱，不必更換多次煮水容器，使用上更為便捷。容量偏大，可一次沖煮多杯份量，也較適合注水穩定的進階玩家使用。

137
―
700mL

136
―
1000mL

KALITA　哈利歐股份有限公司

TSUBAME 手工銅製細版木把手沖壺

材質：銅

KALITA TSUBAME不同於細款手把設計，壺頸由大至小，注水時的衝力偏大，但也因此可以調節注水強弱。木柄的把手設計，握把厚實且隔絕溫度，高溫下依舊可安心握取。

138
―
1000mL

KALITA　哈利歐股份有限公司

大嘴鳥達人琺瑯鶴嘴手沖壺

材質：金屬、琺瑯

採用琺瑯所製成，其特色在於使水溫保持一定溫度，減緩住過程中的溫降差異；可以自由變化控制注水的強弱粗細，也較適合手感的穩定的進階玩家使用。此外，琺瑯具有良好的抗菌與抗酸性，隔絕金屬面與食物的直接接觸，不會改變水質而讓咖啡變味，可從小細節確保手沖咖啡的品質。

139
—
900 mL

KINTO

🛍 nest 巢・家居

SCS手沖壺

材質：不鏽鋼

SCS手沖壺是KINTO 2014年推出的「SLOW COFFEE STYLE」手沖咖啡系列產品之一，造型極簡俐落，可以直火使用。壺嘴略寬且沒有擋片，壺蓋與壺身用蝴蝶扣固定住，把手厚實好握，能穩定控制出水，是可以隨心所欲操作的好壺。

月兔印　　　　🥣 米家貿易

限定版銅製手沖壺

材質：銅，內部鍍錫；壺蓋為不鏽鋼鍍銅

月兔印是日本最經典的琺瑯器皿品牌，自從1926年的開始推出月兔印系列後，旗下的手沖壺總是以琺瑯密不可分。而月兔印最常見的手沖壺，通常也是以琺瑯為材質。此款生產於新瀉燕市的限定版手沖壺，則以銅為材質。從瓶蓋、把手到壺嘴，皆體現了細微的拋光與優雅的光澤感。壺嘴的設計並稍微向內收緊，強調細水柱的表現。

風格
140
—
700mL

FELLOW

🛍 米家貿易

STAGG 不鏽鋼測溫手沖細口壺 V1.2

材質：不鏽鋼、尼龍、銅

此款獲得紐約MOMA現代藝術博物館永久典藏的
STAGG不鏽鋼測溫手沖壺，除了外觀別具設計感，
其手把並刻意讓重心後移，讓配重更為平均，手持
更省力且便於出水。細口壺嘴加入些微翻唇，壺蓋
並加入溫度計方便確認水溫，是兼具造型與機能的
出色手沖壺。

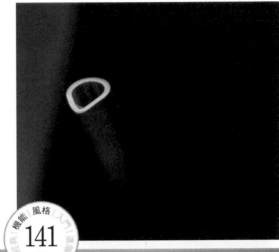

經典 | 機能 | 風格 | 入門 | 造型
141
—
1000mL

WM木合金設計　🍵米家貿易

露La Rosee木質手感咖啡壺

材質：紅銅、鐵刀木、柚木

由家飾品牌「WM木合金」設計的咖啡壺，具品牌異材質（木頭與金屬）結合的精神，以原木如花梨木、楓木或是欅木手工製作的握把，握把手感溫潤又耐用。不同原木料呈現出截然不同的風格變化，搭配具紋理的紅銅環扣，需經六道打磨工序才能完成。另有壺把在側的不同版本，除了咖啡沖煮，也適用於茶飲品味。

風格
142
—
300mL

PART
2-3
濾
滴
萃
取

iwaki　🍵山田珈琲店

200mL三等份量杯

材質：耐熱玻璃

選用具有清楚三等份刻度的量杯，當作金澤式手沖法的下壺。由於金澤式的萃取法強調僅萃取前段的咖啡液，利用量杯的刻度更能方便確認萃取容量。造型可愛，帶有科學氣質，卻也是極為講究嚴謹萃取技巧的咖啡職人之御用器具。

風格
143
—
200mL

開化堂

森/CASA

咖啡下壺

材質：紅銅

開化堂秉持著茶筒製作的多年經驗，打造能夠
隨身攜帶的紅銅手沖咖啡下壺。乍看像是茶筒
的下壺，壺身以0.1公分以下的精度製作，進而
反覆地試煉出直徑 7.8公分的最佳罐身，捨棄
尖嘴。整體線條耿直俐落，結合簡約與收斂的
日式美學。

經典｜機能｜風格｜入門｜進階

144

約400mL

溫度計

手沖輔助

Driver　　　　　　🛒 村宜企業

PLUS防水溫度計

材質：18-8不鏽鋼

18-8不鏽鋼製造，耐高溫100°C、耐鏽蝕，適於手沖咖啡及製作拿鐵奶泡等義式咖啡。45mm超大錶面，易於檢視溫度，每刻度1°C，方便精確測溫，獨特防水構造搭配防潮設計，預防溫度計表面產生霧氣。不鏽鋼固定夾，可輕鬆拿取及調整高低度，適用各種容器。

145

HARIO　　　　　　🛒 米家貿易

手沖壺專用溫度計

材質：不鏽鋼、ABS樹脂、矽膠

專為雲朵壺設計的溫度計。與一般溫度計不同之處，在於其斜插式設計，能探測壺底出水口的溫度，使測溫更為準確，且溫度計可固定於壺蓋，注水時仍可穩定測溫，水溫兩秒鐘見分曉。

146

VIRUS 　　　　　　　　　　🥣 UNI CAFE

溫度計

材質：不鏽鋼、矽膠

可做為【VIRUS 2.0】棉花罐細口手沖壺的配件使用，手沖同時一併掌握正確溫度。測溫範圍為攝氏0-100度，可用於奶溫、水溫、糖溫、飲料、麵糰等的溫度測試。

（風格｜精能｜經典｜入門｜進階）
147

（風格｜機能｜經典｜入門｜進階）
148

EARTH 　　　　🥣 米家貿易

快顯電子式溫度計

材質：不鏽鋼

一般指針式溫度計有測溫較慢和斜角不易觀察溫度之缺點，此款溫度計能防水同時防蒸氣，附有夾子，在打奶泡時也能測量溫度，可測量的溫度範圍為-45℃至200℃，也能切換到華式單位測量，是沖煮咖啡的好幫手。

冰滴壺

走入冰滴的世界

IWAKI

哈利歐股份有限公司

冰滴咖啡壺

研磨程度：細　　材質：玻璃、聚丙烯

IWAKI冰滴咖啡壺造型類似Chemex，將咖啡粉裝入咖啡粉杯後，置放於玻璃本體上，再裝冰杯裝入冰塊，疊放最上層後注入冷水，即可於4小時後享用到甘美的冰滴咖啡。不需使用耗材，環保又便捷。濾網V字型的設計，可讓咖啡粉均勻厚實的附著於上，徹底過濾出香醇咖啡。

經典｜機能｜風格｜入門｜進階
149
440mL

經典｜機能｜風格｜入門｜進階
150
600mL

Driver

村宜企業

冰滴咖啡組

研磨程度：細

材質：18-8不鏽鋼、PP、PS、耐熱玻璃

價位平易近人，是小型冰滴咖啡機中唯一擁有調整流速開關者，可流速大小可依個人喜愛調整，簡易製作冰滴咖啡，口感濃郁不酸澀，填粉槽採用18-8高密度極細濾網，簡易攜帶與收納，玻璃壺可耐熱120℃，可用於微波爐、洗碗機，為100%可回收利用材質。

TIAMO

TIAMO

日式小水滴咖啡壺

研磨程度：細　材質：玻璃、不鏽鋼

冰滴咖啡是藉冷水來萃取咖啡，需花費8小時以上時間，才能將咖啡粉裡的芳香物質滴濾出來，此款冰滴壺加入控制閥設計，能調控長時間滴漏，避免萃取不足或過度。完成後置於冰箱冷藏發酵兩日，即可品嘗到甘醇順口的冰咖啡。

經典｜機能｜風格｜入門｜進階
151
600mL

HURED　　　　　🏺 米家貿易

MY DUTCH冰滴組

研磨度：中

材質：不鏽鋼、耐熱玻璃、PET-G塑膠、PP

上壺盛裝冰塊，透過鎖在上壺底部的調節閥過濾水質，控制水滴流速，緩慢將冰水滴入盛粉的中壺，萃取出咖啡液滴入下壺，整體密閉結構設計 內部溫度不易受外在干擾，4小時便冷萃完成。將下壺裝上單向排氣閥能完全密封，可存放滴完的咖啡或保存咖啡豆，保鮮不走味，共有350mL與550mL兩種尺寸可供選擇。

機能｜風格｜入門
153
—
550mL
經典｜造型

經典｜機能｜風格｜入門
152
—
550mL
造型

HURED　　　　　🏺 米家貿易

X5

材質：不鏽鋼、耐熱玻璃、PET-G塑膠、PP

X5延續了上一代550B的封閉式空間設計，以衛生的方式保留咖啡液的香氣，特殊的濾心設計除了有效的過濾水質，更是克服了傳統冰滴流速不穩定的通病。同時也改良了上代水滴的流速調整方式，可直接在外部腰身調整流速，提升方便與衛生性；並且由單孔滴漏改為五孔同時滴漏萃取，萃取時間可縮短為3-4小時。如在濾杯上放置波浪濾紙，還可搖身一變成為手沖濾杯，原廠並附萃茶專用濾網，滿足玩家們的多樣化需求。

咖啡迷的風格器物學

120
.....
121

PART
2-3
濾滴萃取

Cold Bruer　　🥣 三分之二美科技

冷泡萃取咖啡壺

研磨程度：細

材質：玻璃、不鏽鋼、食品級矽膠蓋

內部精密閥門搭配304不鏽鋼「可調式齒輪」讓冰滴速度更加精準。可拆式的設計，讓上壺底的咖啡渣更易清除，大幅增加使用頻率；拆下的下壺可蓋上矽膠杯蓋冰入冰箱中保存，不必再更換盛裝容器。

機能｜風格｜入門
經典｜實用｜時尚
154
—
720mL

機能｜風格｜入門
經典｜實用｜時尚
156
—
450mL

DKINZ　　🥣 KJ-Life凱傑生活有限公司

Izac-700冰滴咖啡壺

研磨程度：細

材質：樹脂、Tritan, 不鏽鋼、矽

一般冰滴咖啡製作耗時十數小時，izac700只需5小時左右萃取時間。獲取專利的水量調節槽，可維持穩定水壓，提高水滴落下時間間隔均一性，上下兩個水容器（上壺、水量調節槽），到萃取完畢只需調整一次流速，省去一直調整流速的麻煩，亦曾榮獲德國iF Design Award 2015年設計獎。

機能｜風格｜入門
經典｜實用｜時尚
155
—
550 mL

NUVO　　🥣 KJ-Life凱傑生活有限公司

HOME COLDBREW冰滴咖啡壺

研磨程度：細　　　材質：樹脂、矽、PP, 玻璃

一般冰滴過濾採用網紙材質，容易破損，此款冰滴壺改採矽膠過濾網，可長期使用，且正面與背面的濾孔尺寸大小不同，雙重阻斷咖啡殘渣。調節閥後方並設計透明小窗，便於確認流速、隨時調整，玻璃壺為易拿取尺寸，並附容量測量標示。

機能｜風格｜入門｜進階
變異｜
157
1000 mL

[bi.du.hœv]   [bi.du.hœv]

coffee dripper獨立無價冰滴系統

研磨程度：細　　材質：玻璃、原木

台灣設計、台灣製造，曾榮獲德國iF Design Award 2015年設計獎。打破冰滴系統冗長、反覆的印象。極度簡化的設計，讓空間所需極小化。但卻達到咖啡滴濾過程中的密閉，使用玻璃材質晶體濾心，咖啡不會接觸到玻璃以外的其他物質，同時也隔絕蚊蠅小蟲飛入。滴漏完畢後也不用分裝其他瓶子，蓋上蓋子即可直接冰入冰箱，簡約美學的完美實踐。

機能｜風格｜入門｜進階
典雅
158
—
600mL

Driver

🛍 村宜企業

設計師冰滴

研磨程度：細

材質：PS、玻璃、矽膠

造型簡潔清新，簡易製作冰滴咖啡，3、4小時即可完成萃取，受新型專利及新式樣專利保護，全球首創的圓形分水網，取代丸型濾紙，設計精美且環保，簡易攜帶與收納，不佔用居家空間，可直接放進冰箱滴漏，可微波耐熱玻璃壺，附贈密封蓋，CP值高，使用4、5次即可回本。

傳統冰滴咖啡壺步驟

FILTER PAPER

COFFEE POWDER

I : IO

COFFEE BEAN : WATER

STEP.1

咖啡粉與水的比例大約為1:10，磨豆粗細為3~4號。

STEP.2

將濾布片放入咖啡容器的底部，然後填入咖啡粉，上方鋪上濾紙。

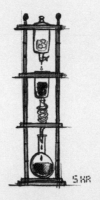

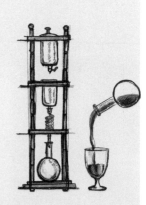

5 KR

STEP.3

冷水加入上容器五分滿，加入冰塊至容器的9分滿，打開旋鈕，讓水注入咖啡粉至咖啡粉全部濕潤。

STEP.4

待咖啡粉全部濕潤後，調整旋鈕將水滴速度調至2~3秒1滴，約5~6小時即可飲用。

顛倒壺

摩卡壺的前身

ILSA　　　　　　　　　　　　　　🔘 哈利歐股份有限公司

義大利拿坡里傳統萃取咖啡壺 顛倒壺

研磨程度：中　　材質：不鏽鋼

源自於早期中東沙漠經商旅人最簡易的咖啡調理器具。
顛倒壺的組合為一上壺與下壺，下壺可直火加熱，待水
沸騰將上下壺360度反轉顛倒，熱水即自然往下擠壓穿
透咖啡粉層達到萃取效果，操作富有樂趣，適合攜帶外
出及個人咖啡少量的沖煮。

ILSA　　　　　　　　　　　　　　🔘 紅澤咖啡豆販

顛倒壺（鋁製版）

研磨度：中　　材質：鋁

此款顛倒壺的壺嘴使用經典設計，其材質由鋁製成，但台灣的消
費者對鋁製的器具仍有疑慮，國內曾有一說是鋁加熱後會釋出鋁
離子，人體長期累積後易導致老年癡呆症。不論相關疑慮，卻也
有一種輿論說法是鋁製的咖啡壺，煮出來的咖啡比較甜。

ILSA　　　　　　🛍 紅澤咖啡豆販

顛倒壺(短壺嘴版)

研磨度：中　材質：不鏽鋼

目前大部分的顛倒壺是由鋁做成，不過此款顛倒壺是全不鏽鋼製成。它的壺嘴設計較新潮，壺嘴被收了起來，僅有翻唇。因為沒有額外突出的壺嘴，所以也更方便攜帶，登山露營都適用。

風格 功能 161 經典 入門 進階

1~2杯

Stella　　　　　　🛍 紅澤咖啡豆販

早期經典顛倒壺

研磨度：中　材質：不鏽鋼

Stella 是一個非常經典的義大利咖啡器具品牌，不過這些顛倒壺目前已經絕版了。它的造型經典，特別是把手的設計，標示了現代主義的氣質。此系列顛倒壺，一個是迷你版的一人壺，大款的則是六人壺，早期還有二十人份的超大家庭號咖啡壺。但因為Stella已經絕版，如果市場上目前看到類似設計，多為早期骨董版本了。

風格 功能 162 經典 入門 進階

1杯、6杯

功能 風格 163 經典 入門 進階

2~4杯

B&M　　　　　　🛍 紅澤咖啡豆販

顛倒壺

研磨度：中

材質：銅、鋁、內裡鍍錫

顛倒壺的原文直譯其實是拿坡里壺（Napoletana），義大利的無名顛倒壺，是摩卡壺出現之前的主流。而在摩卡壺出現後，顛倒壺也開始漸漸被被淘汰了。此款顛倒壺的設計優雅，屬於常見普遍的基本款。

紅澤咖啡豆販

銅製顛倒壺

研磨度：中　材質：銅

從它設計結構，以及不規則的形狀，可以發現它是純手
工製作、早期樣式的顛倒壺。可拆卸的把手，以及切對
半的螺絲，讓它的造型更顯特別。壺嘴並使用了有蓋的
鳥嘴設計。因為內部結構繁複，推想是早期設計，但現
代的顛倒壺設計則更為簡約。

Part 2-4

浸泡萃取

熱愛渾厚稠度？保留咖啡油脂，浸泡萃取的浪漫
演繹是向經典致敬的練習，傳統的法式濾壓壺、
復古氣味的虹吸，有趣的愛樂壓，都是強烈稠度
與原始咖啡風味的絕佳保證。

浸泡萃取，
器具牽動風味樣貌

解析浸泡萃取——
最簡單的沖煮方式

浸泡式萃取法，顧名思義，其原理是讓咖啡粉浸泡在容器中，與熱水作用一段時間，溶解擴散以順利釋出咖啡的風味與芳香物質，並在雜味析出前，完成萃取。相對於手沖，浸泡式萃取的變因相對較小。常見的浸泡式萃取器具包括法式濾壓壺、虹吸壺，以及愛樂壓等。其中最為普遍的器具，就是法式濾壓壺，因為操作非常簡單，也不需要加入濾紙，可以快速萃取飽滿濃郁的咖啡，因此廣受歡迎。

不過採用浸泡萃取時，並不代表可以省略過濾步驟，譬如愛樂壓就需要濾紙或金屬濾網來過濾咖啡液；虹吸式咖啡壺則搭配由彈簧鉤、網片和濾布組成的過濾器，另也可使用濾紙或金屬濾網。搭配不同濾器，也會對風味產生影響，像是愛樂壓搭配濾紙製作的咖啡，其風味就不同於使用金屬濾網的愛樂壓。因為濾紙會吸附油脂，所以使用金屬濾網的愛樂壓口感會更為厚實；而選用金屬濾網的虹吸壺咖啡，偶有金屬味產生，沖煮出的咖啡味道較銳利，陶瓷濾器的口感相對較溫潤，也不易有味道殘留。雖然減少了手沖過程中的注水變因，但隨著器具的搭配與使用，卻也大大地影響了咖啡呈現的樣貌。每款沖煮器具都有其相對應的沖煮流程，其中也包含了像是豆子研磨度、水粉比（咖啡與注水量的比例）、水溫高低與時間長短等種種不同的變因。想要找到自己喜愛的風味，可以先試著設定好不同變因的參數，逐次試驗，才能找到最適合自己的模組，穩定地萃取出想要的風味。

康康

沛洛瑟珈琲店 負責人

自家烘焙的沛洛瑟珈琲店，讓客人可以自由選擇咖啡的製作方式。挑選咖啡豆後，可再選擇使用手沖、虹吸，或是愛樂壓等沖煮方式。出杯過程相對繁複，但可盡情玩味器具與風味之間的連結，卻也是開店多年的理想與堅持。

相同的咖啡豆，使用不同的器具，或調整水粉比與溫度，得到的風味也會截然不同。

虹吸式咖啡壺

STEP 1 放入濾器

首先將濾器放入上壺，將濾器彈簧從下方管口拉出，鉤子扣在管底，接著拿攪拌棒調整濾器位置，使其置中。

STEP 2 加熱

接合上壺與下壺後，點火升溫下壺的水。持續升溫，透過下壺內空氣的熱脹冷縮，將水推擠至上壺。此時可觀察水面浮起的泡泡，若有大泡泡產生，則表示濾器不平整，接著可使用攪拌棒調整位置，確定密合不留空隙。

STEP 3 倒入粉末，攪拌

當絕大部分的熱水都注入上壺後，調整至需要的火力，接著倒入咖啡粉，計時並開始攪拌，攪拌是虹吸式煮法過程中關鍵的一環，目的是使咖啡均質萃取，先使用攪拌棒分區塊輕柔按壓，讓粉往下沉，最後再畫圈攪拌使粉末化開，粉末才能接觸到足夠水份，順利釋放物質。約第20-30秒左右時進行第二次攪拌，烹煮過程中會不斷地有香氣冒出，總沖煮時間約50秒-1分鐘。

STEP 4 停止加溫

關火後，因為氣體壓力變小，熱脹冷縮，上壺咖啡液體因虹吸原理而落下（另一做法是用濕布包覆下壺，加速熱冷縮的反應。）用畢後可將咖啡壺下壺浸泡熱水靜置，以帶走殘留的油漬，若需徹底清潔，則可以使用清潔酵素或小蘇打粉。

Tips祕訣

火候掌握是虹吸式煮法最關鍵的變因，使用上，酒精燈需調整燈蕊、不易控制火力；瓦斯爐火力強但易有受熱不均的現象，建議可以將火源放在側邊，隨時移動調整火力；鹵素燈因沒有火焰，加熱狀態最為穩定。

愛樂壓

STEP 1 確認份量

先調整壺身與壓筒確定
需要的份量（可參考筒
身外的份量標示）。

STEP 2 浸濕濾網

用水先浸濕濾網，使其
服貼於濾紙蓋，溫下
壺。製作冰飲，建議可
選用會吸附油脂的濾
紙，金屬濾網則適合搭
配熱飲，能保留更多咖
啡風味。

STEP 3 填粉，注入熱水

用漏斗將咖啡粉填入壺身，以鋼杯注入91至92度熱水
（建議使用粗水柱有利於粉末同步進行浸潤）。

STEP 4 加壓

蓋上濾紙蓋靜置，約15
秒後翻轉置於下壺，1
分鐘時緩緩往下壓，待
聽到氣聲時停止，總萃
取時間約1分30秒。

改變器具的沖煮風味大比較

如果使用同一支咖啡豆，應用手沖、愛樂壓與虹吸等不同沖煮器具，又存在著那些風味差異呢？統一咖啡豆的研磨度與水粉比，確認水溫高低，並讓沖煮時間時間盡量一致，確定不同變因的參數，就可以試著體驗不同器具表達的風味有何不同？

手沖濾杯因注水後呈降溫狀態，沖泡完成時，溫度約在70至75度，一上桌便可飲用，因此第一口就能完整感受，相較於虹吸式，它的酸感出現較早，甜感隨溫度降低而升高。

愛樂壓的風味介於手沖與虹吸之間，不同溫度下飲用差異並不大。萃取完成時，溫度與手沖咖啡差不多，所以也可以體驗手沖酸感的鮮明，但甜度跟醇度（指咖啡入口後感受到的質地）相對完整。

虹吸式咖啡的口感除了豆子本身會有不同，因受到火源加熱，也會隨著沖煮產生高、中、低溫的差異，因而創造出豐富的風味變化。飲用時最先感受到的是甘甜感，溫度稍降後才會跑出酸味；高溫時，咖啡香氣非常濃烈，待溫度下降至70度時，咖啡豆固有的豐富滋味，也會逐漸完整浮現。

法式濾壓壺

好用就是經典

咖啡迷的風格器物學

132
....
133

PART
2-4
浸泡萃取

bodum　　　　　　　　　🛍 恆隆行

CHAMBORD®濾壓壺

研磨程度：粗

材質：硼矽酸鹽玻璃、塑膠(PP)、不鏽鋼、金屬濾網

CHAMBORD®是真正的原創，創始於1970年代，至今仍是bodum最暢銷的商品。時至今日，法式濾壓壺系列皆在葡萄牙工廠生產製造，承襲與昔日工匠相同的手藝，不鏽鋼金屬濾網是bodum法式濾壓壺的精隨，可保存咖啡油脂最原始的香醇，更完整傳達咖啡豆的特色與品質，搭配貼心的防燙手把，耐用度與質感兼具。

經典｜功能｜風格｜入門｜進階

165
350、500、
1000mL

經典｜功能｜風格｜入門｜進階

166

bodum　　　　　　　　　🛍 恆隆行

BISTRO濾壓壺四分鐘小沙漏

材質：塑膠(PP)、玻璃、細砂

隨著bodum的明星商品「法式濾壓咖啡壺」的享譽世界，品牌也因針對濾壓壺推出延伸設計。此款沙漏，即是搭配法式濾壓咖啡壺的使用，置於其上方，並翻轉沙漏計時器，沙漏會於四分鐘內準時流完，提示合宜的浸泡時間。

Bon Jour   紅澤咖啡豆販

Bon Jour法式濾壓壺

研磨度：中粗　材質：玻璃、不鏽鋼

如果Bodum的濾壓壺是第一，全世界
第二名的濾壓壺品牌就是Bon Jour。
Bon Jour的法式濾壓壺，加入特殊了
專利設計的flavor lock。當你把咖啡
粉沖壓到底的時候，旋轉開關，便可
以把水與咖啡之間的通道關閉，避免
持續的浸泡而導致過萃。

167
350mL

168
350mL

It's American Press   光景 Scene Homeware

美式濾壓壺It's American Press

研磨度：中　材質：不鏽鋼、玻璃、醫療等級矽氧樹脂

此款名為「美式濾壓壺」的器具，外觀像極了法式濾壓壺
設計。但在濾器中加入了一個可以固定咖啡粉的空間，在
壓下的過程中，咖啡粉便會從濾器上下的金屬濾網中，濾
出咖啡液。透過粉量多寡的調整，也可變化咖啡的濃淡。

169
350、500mL

TIAMO   TIAMO

法蘭西濾壓壺

研磨程度：中粗　材質：耐熱玻璃、不鏽鋼、ABS塑膠

此款濾壓壺外表加入堅固不鏽鋼金屬框架保護，在底部形
成支撐，避免玻璃杯身直接接觸桌面而碰撞碎裂。其中細
密的不鏽鋼濾網層是設計重點，濾網能與壺身緊密接觸，
不易有細微粉末流出，網片耗損後亦可汰舊換新，而容易
殘留咖啡粉和油脂的濾網活塞和壓桿，全可拆解清洗，零
件更換方便。亦可沖泡茶飲或做牛奶發泡器使用。

經典 | 機能 | 風格 | 入門 | 進階
170
300mL

星巴克
🛍 星巴克

玫瑰金胡桃木把手濾壓壺

研磨程度：中粗　材質：不鏽鋼、胡桃木

不同於一般法式濾壓壺的清透質感或鏡面光亮，此款大膽地在不鏽鋼外層電鍍上近年相當熱門的古銅色澤，創造出中性時髦的搶眼外型。不鏽鋼雙層結構帶來比玻璃材質更好的保溫效果，若預先溫壺，還能延長保溫一至兩個小時，隨壺並附贈一只4分鐘計時器，方便使用者掌控沖泡時間。

TIAMO
🛍 TIAMO

幾何圖文法式濾壓壺

研磨程度：中粗

材質：耐熱玻璃、塑膠、不鏽鋼

濾壓壺設計的關鍵則在於不鏽鋼濾網層是否能有效過濾咖啡，此款濾網設計採雷射沖孔金屬濾網，外緣為橡膠圈，能防止粉渣能濾網邊緣與玻璃壺壁間回滲。耐熱玻璃壺身，冰熱飲皆可使用，適合沖煮中焙或深焙咖啡。

經典 | 機能 | 風格 | 入門 | 進階
171
1L

經典 | 機能 | 風格 | 入門 | 進階
172
350、500mL

bodum
🛍 恆隆行

COLUMBIA雙層保溫濾壓壺

研磨程度：粗

材質：塑膠(PP)、不鏽鋼、金屬濾網、矽膠

COLUMBIA咖啡壺是bodum少見的不鏽鋼材質一體成型作品，不僅是擁有設計美感的咖啡壺，它亦是法式濾壓壺。除了外觀獨特，也具有強大的保溫功能，雙層不鏽鋼的設計，雙層壁之間空氣提供有效的絕緣層，可以延長咖啡保溫時間，最長的保溫效果可達12小時，亦可沖泡茶或製作奶泡。

bodum

EILEEN法式濾壓壺

研磨程度：粗

材質：硼矽酸鹽玻璃、塑膠(PP)、不鏽鋼、金屬濾網、金屬烤漆

經典的EILEEN法式濾壓壺，命名靈感來自愛爾蘭裔女建築師暨設計師愛琳·格芮（Eileen Grey），同時以格芮所居住城市內的巴黎小酒館與咖啡館的概念發想設計。操作簡單，僅4分鐘即能獲得最佳咖啡風味。

經典｜機能｜風格｜入門｜進階

173

350、500、1000mL

法式濾壓壺步驟

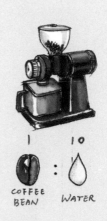

COFFEE BEAN ： WATER

STEP.1
咖啡粉與水的比例約1:10，磨豆粗細約5~6號、水溫約84至90度。

STEP.2
注入咖啡豆兩倍量的水，用攪拌勺來回攪動咖啡粉，動作須輕巧，咖啡粉會開始膨脹，過程約需30秒。

STEP.3
咖啡粉膨脹後開始加入剩下的熱水，蓋上蓋子但不要壓下濾網，等待四分鐘。

STEP.4
緩慢地下壓濾網，濾網壓到底後必須立刻把咖啡淬取液倒出享用，否則會造成咖啡過萃，影響風味。

174

1000mL

咖啡迷的風格器物學

136
.....
137

PART
2-4
浸泡萃取

Stelton　　　　　　　● 北歐櫥窗

啄木鳥濾壓壺

研磨程度：粗　　材質樹脂、不鏽鋼

當代居家精品具影響力的設計師之一Erik Magnussen
在70年代設計的啄木鳥暖瓶，是向大師Arne
Jacobsen 60年代Cylinder line系列致敬作品，也是
北歐人手一只的經典設計，2012年誕生的啄木鳥濾壓
壺，不僅能泡咖啡，也適合沖泡茶葉，在實用性上增
加：開關出水口能有效阻止熱氣散去，讓異物不易跑
入；瓶口設計開闊好清洗，雙層瓶身構造讓保溫性大
大提升，8杯份大容量，能滿足各種場合多人一起飲
用的需求。

Stelton　　　　　　　● 北歐櫥窗

AJ Cylinda Line大師哲學
濾壓咖啡壺

研磨程度：粗　　材質：不鏽鋼

北歐設計大師Arne Jacobsen 60年
代創建的Cylinder line系列，是在晚
餐餐巾紙上畫出第一個茶壺作品，從
此圓柱造型成為Stelton的標誌。丹麥
不鏽鋼工藝代表Selton，1967年首創
不鏽鋼無接縫圓管製程，每個器具厚
度只有0.4公釐，在工業設計中加入建
築意象，因而造就此一經典系列。

175

1000mL

bodum ◉ 恆隆行

CHAMBORD®防傾倒濾壓壺

研磨程度：粗

材質：硼矽酸鹽玻璃、塑膠(PP)、矽膠、不鏽鋼、金屬濾網、金屬烤漆

此款咖啡壺是經典CHAMBORD®產品的延伸，其配備獨特的手把與旋鈕，並將經典的玻璃杯深隱藏於不鏽鋼中。另外，壺蓋與壺身的接合處採用旋轉式卡榫，搭配創新按壓式出水閥的貼心設計，僅需簡單地使用推桿，就能讓咖啡流入杯中，緊密度更高，也更易控制咖啡倒出量，外出使用時不用擔心咖啡傾倒外露。

Eva Solo ◉ 北歐櫥窗

CafeSolo咖啡獨奏

研磨程度：中

材質：樹脂、不鏽鋼、耐熱玻璃

丹麥兩人組設計師Tools Design，設計的好用經典咖啡器具。設計師以最初始的咖啡沖泡方法為靈感，將咖啡粉放入口吹的防側漏水瓶中，穿上特製「隔熱衣」，加入94℃熱水沖泡，攪拌後蓋上瓶蓋3、4分鐘，一壺純正黑咖啡就大功告成。

176
350、500、
1000mL

177
1000mL

178

經典 | 機能 | 風格 | 入門 | 進階

750mL

Tom Dixon

🖤 北歐櫥窗

Brew Cafetiere 紅銅濾壓壺

研磨度：中粗　　材質：不鏽鋼鍍紅銅

英國鬼才設計師Tom Dixon推出的絕美濾壓壺，利用不鏽鋼易於清潔及保存的
特性，鍍上高光澤紅銅，整體壺身呈現裝飾藝術(art deco)復古但又俐落的當
代風格。濾壓壺是一種傳統但簡單的咖啡的沖煮方法，簡便的操作和清潔手
續，讓喜愛居家風格的初學玩家也可快速掌握咖啡品味中的美麗與風味。Tom
Dixon設計的Brew系列，另有推出牛奶鍋與紅銅濃縮咖啡杯等其他餐桌器具！

越南咖啡壺

異國風味的咖啡道具

TIAMO 🛒 TIAMO

不鏽鋼越南咖啡濾器

研磨程度：中細　材質：不鏽鋼

越南咖啡濾器是一種很簡便的沖泡器具，由布滿圓孔的濾壓片、上蓋、有濾孔的壺身組成。體積小、便於攜帶，也可戶外使用。此款設計有手把設計，方便沖泡後拿起濾壺，不易燙手。由於萃取時間長，建議咖啡粉勿磨太細，否則咖啡會變得濃厚苦澀，也因為不經過濾紙，風味較接近豆的原味，正統越南咖啡飲用時通常加入煉乳，以中和越南咖啡的酸和澀味。

經典｜機能｜風格｜入門｜進階
179
1~2杯

土耳其壺

機能｜風格｜入門｜進階｜經典
180
1~2杯

KALITA銅製土耳其壺

🛒 哈利歐股份有限公司

研磨程度：細　　材質：全銅

KALITA 銅製土耳其壺沿襲傳統土耳其壺的設計，日本製造純手工製成，銅製雕花壺身設計典雅精緻，重現旅人在沙漠烹煮咖啡的古樸場景。全銅材質讓壺內受熱更為均一穩定，溫度能恆穩升高，讓環節更在使用者的掌控內。尤其適合悶煮深烘焙豆，更可提升其豐潤滋味。把手與壺身更可分離收納，不占空間。

APOLLO 🛒 紅澤咖啡豆販

純銅鍍銀土耳其壺

研磨度：細　　　材質：銅、內外鍍銀

土耳其壺最常見以銅為材質，因為銅的導熱快。但此款土耳其壺的壺身內外都再鍍了一層銀。此款土耳其壺的手柄可以拆卸，沖煮後方便清洗。銅的鑄造，其實是很難的事情。因為銅的熔點高，所以熔接很困難，現在常見金屬沖壓的方式去塑型，此款工藝製作難度高的器具，卻也具有舊時代的浪漫。

經典｜機能｜風格｜入門｜進階
181
1~2杯

古典土耳其咖啡

🛒 eBay、網路拍賣

研磨度：細

材質：不鏽鋼鍍銅

「Cezve」是土耳其人對土耳其壺的稱呼，傳統製作土耳其咖啡的方式是將烘培至濃黑的咖啡豆研磨成極細的粉狀，連糖、豆蔻粉和冷水一起放入像勺子般的咖啡煮具裡，在熱沙上慢火細焙，不濾渣而濃稠苦澀的複雜口感並非人人可接受，而銅製雕花細膩手工製作的壺具更是土耳其咖啡另一賣點；喝完咖啡後，還能依照殘渣所形成的圖案，來個咖啡占卜，預測未來的好運。

風格
182
1~2杯

風格
183
1~2杯

玻璃土耳其壺

🛒 紅澤咖啡豆販

研磨度：細　　　材質：玻璃

這款玻璃土耳其壺的設計品牌不詳，土耳其壺一般常用金屬製成，使用玻璃製作的土耳其壺，把手跟壺身的結合困難，製作難度非常高。細看壺身表面，也可發現其具有花紋圖樣的設計，這是運用了在玻璃的表面切割圖案的「切子」工藝，由此可知此壺是手工打造。

APOLLO

🛒 紅澤咖啡豆販

長柄純銅鍍銀土耳其壺

研磨度：細　　　材質：銅

常見的土耳其壺多為圓柄，容易手滑。但這款長柄土耳其壺，手柄的部分是扁的，方便使用者左右翻壺，造型也較為古典。順帶一提，土耳其壺以前比較適合煮深培的咖啡豆。但近年土耳其壺也開始精品化，也可發現有玩家開始用土耳其壺去煮淺培的咖啡豆。

風格
184
1~2杯

虹吸壺

185
—
3杯

經典｜機能｜風格｜入門｜進階

TIAMO

⬤ TIAMO

RCA-3虹吸壺

研磨程度：中

材質：耐熱玻璃、鐵、塑膠、銅、鋅合金

虹吸式咖啡起源於德國，使用玻璃製的上下壺，藉水沸騰時產生的蒸氣壓力來沖煮咖啡，又稱為真空壺，此萃取方式產生的咖啡香氣較一致，適合用來沖煮單品咖啡。 TIAMO的RCA系列玻璃材質耐熱達200度，不怕燒壞下壺，且壺口徑大，清洗容易。

Hario

⬤ 紅澤咖啡豆販

經典虹吸式咖啡壺 HTF-2

研磨度：中

材質：耐熱玻璃、不鏽鋼、PP、鋁、鐵、亞鉛合金、黃銅

此款虹吸壺是Harioy早期推出的入門基本款，目前已經停產，需要耐心尋找。此款虹吸壺的特點在於其玻璃的形狀採用了仿骨董賽風壺的設計，目前有同樣玻璃形狀的款式則是MCA-3。不過早期版的虹吸壺，造型更為復古質樸，有別於常見的長筒設計。

186
—
1~2杯

經典｜機能｜風格｜入門｜進階

Hario
🛍 Hario

Hario HTF-2虹吸壺

研磨度：中　　　材質：玻璃

這款Hario HTF-2虹吸壺是早年的古董
器具，是比較Hario早期的版本，此款
虹吸壺在現代變成少見的特色器具，造
型古典，帶有濃厚的復古趣味。不過它
的上座較脆弱，容易破裂，使用時需要
特別小心。

機能 | 風格 | 入門
經典 | | 進階
187
─
1~2杯

KŌNO
🍵 山田珈啡店

虹吸壺SK-2G

材質：耐熱玻璃、原木、不鏽鋼

1923年，KŌNO開發了世界上第一款直立式的虹吸壺，也確立了目
前市場上最普遍的虹吸壺樣式。其玻璃壺壁厚實，保溫性佳且耐
用，最特殊之處在於拱形陶瓷濾器的設計，有利於排水，萃取後將
咖啡液快速拉回下壺，在風味表現上，能夠修飾掉一些不好的味
道，創造出口感圓潤濃醇的咖啡液，讓咖啡整體更加順口。

機能 | 風格 | 入門
經典 | | 進階
188
─
1~2杯

EARTH 🏮 米家貿易

填充式迷你登山爐

材質：不鏽鋼、陶瓷

虹吸式煮法是富有樂趣的咖啡萃取過程，好的火源
控制決定了其咖啡的品質，常見的火源種類包含酒
精燈、鹵素燈等，需要特別考量安全性及穩定性，
此款台灣品牌EARTH推出的登山爐，火力集中且均
勻，防風功能使加熱狀態穩定，陶瓷爐頭設計有氣
孔，燃燒效率高，虹吸壺或摩卡壺均適用。

| 經典 | 機能 | 風格 | 入門 | 進階 |
189

虹吸式咖啡步驟

STEP.1
咖啡粉與水的比例大約為 1:13，磨豆
粗細為 3~3.5 號。

STEP.2
在下壺注入接近沸騰的熱水，將壺放到熱源 上
並秤量咖啡粉。

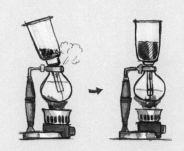

STEP.3
下壺中的水煮沸後，會開始往上進入上
壺，最後仍會有一些水留在下壺。

STEP.4
大部分的熱水都進入上壺後，將熱源強度調
低，使水溫降至約攝氏 85-90 度。上壺加入咖啡
粉，使其完全浸入水中。繼續沖煮1分鐘，咖啡
回流至下壺後，移開上壺即可飲用。

玻璃棒的復興

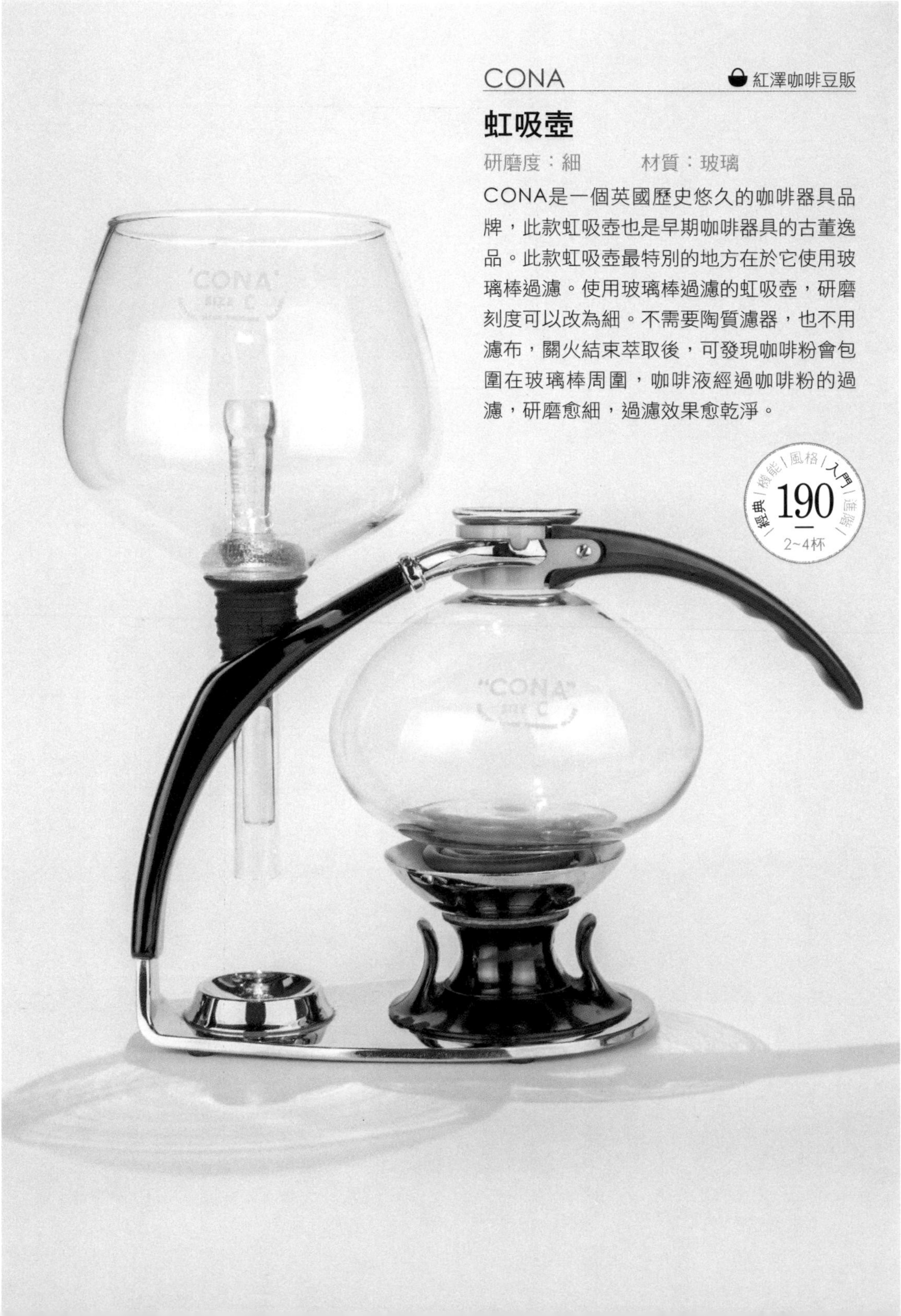

CONA　紅澤咖啡豆販

虹吸壺

研磨度：細　　材質：玻璃

CONA是一個英國歷史悠久的咖啡器具品牌，此款虹吸壺也是早期咖啡器具的古董逸品。此款虹吸壺最特別的地方在於它使用玻璃棒過濾。使用玻璃棒過濾的虹吸壺，研磨刻度可以改為細。不需要陶質濾器，也不用濾布，關火結束萃取後，可發現咖啡粉會包圍在玻璃棒周圍，咖啡液經過咖啡粉的過濾，研磨愈細，過濾效果愈乾淨。

經典／機能／風格／入門／進階
190
2~4杯

Silex

● 紅澤咖啡豆販

Silex虹吸壺

材質：玻璃

經典虹吸壺品牌Silex與其他虹吸壺最大的差異在於，其在玻璃棒加上了金屬掛勾。在玻璃棒上加入彈簧勾的設計出現於40年代，這是因為當時器具品牌Cory已申請了玻璃棒的專利，為了規避專利，故加上了彈簧勾，而當玻璃棒濾器被淘汰後，接著便發展成陶瓷濾器包裹濾布的過濾方式了。

CORY　　　　　　　　　　　　　　　🛍 紅澤咖啡豆販

虹吸壺

材質：玻璃

來自美國的咖啡器具品牌CORY，其虹吸壺同樣使用玻璃棒過濾。
從其質樸復古的外觀，推估約是1930年代的經典設計（1960~70年
代則是虹吸最流行的時候），可以發現它的造型很大，但是因為早期
的咖啡壺常採取家庭號、大量萃取的定位，所以容量較大。

經典 | 機能 | 風格 | 入門 | 進階
192
4~8杯

Cona是英國品牌，Cory & Silex則是美國品牌。由於Cory在美國已有專利，為了避開專利，Silex則在玻璃棒上加入彈簧設計。其實Cory的設計是仿自Cona，但因為專利採屬地主義，英國專利在美國無法律權力，所以Cory模仿Cona後仍可申請專利。

CONA、Silex

● 紅澤咖啡豆販

玻璃棒

材質：玻璃

使用玻璃棒濾器不需要濾紙或濾布，紙與布會吸收咖啡油脂，油脂本身帶有較多的香氣，因此使用玻璃棒濾器可以保留較完整的咖啡風味。英國的Cona玻璃棒濾器僅適合原廠賽風壺使用，但美國Cory以及Silex玻璃棒濾器則可以放置在近代賽風壺使用。當濾布與濾紙流行之後，玻璃濾器就被打入冷宮了，虹吸壺濾器的歷史也因此出現斷層，近代很多人不知道有玻璃棒濾器可以使用。國內目前也有店家開始販售適用於其他品牌賽風壺的復刻版玻璃棒濾器，除了玻璃材質之外也有陶瓷材質的版本。

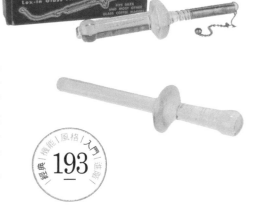

193
經典 | 功能 | 風格 | 入門 | 延伸

Part 2-5

壓力萃取

有了摩卡壺與義式咖啡機，在家也能享受濃縮咖啡的極致香氣與風味，製作花式咖啡的基礎Espresso，並沒有那麼困難。

花式咖啡的基底，
找到自己的濃縮風味

什麼是壓力萃取

義式濃縮咖啡（espresso），由於其所呈現的咖啡風味、濃郁度都比其他的咖啡沖煮方法更強烈，所以也有一說是espresso就像是一面「風味放大鏡」，可以更為強調咖啡的優點與缺點。義式濃縮咖啡的萃取原理，簡單來說，就是把咖啡粉磨到細，裝入粉槽後，接著使用9~12bar（大氣壓力單位）的壓力，搭配90℃～95℃的熱水，透過壓力沖灌咖啡粉餅，熱水與壓力沖灌萃取後的咖啡液，就是所謂的espresso。

關於咖啡的萃取，基本上會有：浸泡時間、研磨度、溫度等三個變因。三個變因確認後，此外還有過濾方式的差異。而關於咖啡的萃取，無論如何，一定會需要咖啡粉與水的接觸，咖啡粉碰到水的時間愈長，味道就會愈重。但義式濃縮咖啡的萃取時間卻很短，一般在25秒會萃取30mL，換句話說，就是咖啡粉泡水的時間只有25秒。手沖的完成時間大約是3分鐘，咖啡粉接觸水的時間很長，所以當你泡水時間長的時候，手沖的咖啡粉，就不能磨得太細，如果磨得很細，但又長時間接泡水，味道就會非常濃，甚至會濃到無法品飲。

咖啡迷的風格器物學

150
‥‥‥
151

PART
2-5
壓力萃取

林嵒

Milkglider Latteartist Unity 、Lovely Cake 主理人
2015世界拉花公開賽東京場第三名，同時也是景文科技大學餐飲管理系教師，擁有多年餐飲創業與顧問經驗。2014年與國內拉花高手共同創立的Milkglider Latteartist Unity，也是台灣少數主打咖啡拉花的風格名店。

由深至淺的萃取階段。

換個角度來看，因為壓力氣壓貫穿咖啡粉的時間很快，所以如果磨得太粗，味道就會出不來。但就是因為磨得細，所以需要的壓力更大，味道才會重。如果磨得很細，但缺少足夠的壓力，萃取時間也短，這樣仍無法得到高濃度的咖啡液。除了義式咖啡機之外，摩卡壺的沖煮，也會使用到壓力，當水蒸氣從下方升至上壺，水蒸氣經過填滿咖啡粉的粉槽時，同時也萃取了咖啡液，因為熱水與咖啡粉接觸的時間短，所以可以萃取出接近義式濃縮咖啡，強且濃的滋味。由於壓力愈大，味道愈濃。像是愛樂壓雖然也是透過推壓，讓咖啡的沖煮帶有一點壓力，但畢竟愛樂壓的壓力無法像摩卡壺與義式咖啡機那麼大，所以愛樂壓其實比較是接近浸泡萃取的概念。

掌握義式濃縮咖啡小訣竅

掌握基本觀念後，由於義式濃縮咖啡的壓力是確定的，所以我們可以調整的就是粗細度與熱水通過的時間。通常會先把磨豆機調到比較細的位置，然後依照流速與濃縮咖啡的狀況，再去調整研磨度。除了找到自己喜歡的研磨度，入門玩家也要懂得觀察萃取狀態。

義式濃縮咖啡在萃取時，顏色會愈變愈淡。觀察濃縮咖啡的顏色變化，一開始的咖啡液顏色會較深，這也是偏濃郁、味道最重的狀態。

由左至右，分別是萃取的三個階段。由於espresso還可以再加入牛奶或熱水的稀釋，因此通常傾向較為濃郁，使用者可以依照自己喜愛的濃淡，決定萃取的時間，但以最右邊的狀態來說，則會太過稀釋了。

當萃取經過一定時間，因為粉餅已經被水通過了，所以咖啡液的狀態開始偏淡。此時基本上便可以停止萃取了。如再繼續萃取，得到基本上只是咖啡水，因為味道已經被大量稀釋，已不適合品飲。由於一個粉餅大約裝載20克的咖啡粉，使用30mL的水去萃，與使用60mL的水去萃取，使用60mL所得的咖啡液體一定會比較淡，所以愈後面萃取得到的咖啡液，水通過得愈多，風味也愈淡薄

整粉的方法

(STEP 1) 左推至右

因為咖啡粉的堆積通常會偏左邊，所以先用食指，把咖啡粉以順時鐘的方式，從七點鐘的位置，撥整到約一點鐘方向。

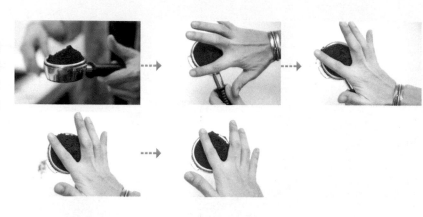

(STEP 2) 右推至下

接著同樣使用食指，以逆時鐘的方向，再將咖啡粉從一點鐘的方向，撥至九點鐘的位置。

(STEP 3) 下推至上

咖啡粉集中在中央，此時將咖啡粉水平地由下往上推。

(STEP 4) 堆聚中央

大約推至一點與十一點的位置後，再將咖啡粉由上往下推，讓咖啡粉統一集中於粉槽中央，最後再把多餘的粉，往前撥掉，接著便可將把手裝入，開始萃取。

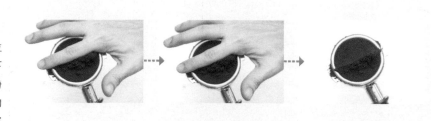

填壓器的握法

填壓器的握法，重點在於平均穩定地進行填壓。所以在掌握填壓器時，建議可以讓食指跟大拇指分別掌握在填壓器的前後兩側。食指以勾握的方式握穩，筆直地向下壓入。由於食指與大拇指分別位在前後兩側，所以壓下時，若發現前面或後面略有歪斜，便可以透過食指或拇指的感觸，矯正角度。

若使用握柄抓握在掌心的握法，角度一歪斜，便來不及修正了。

咖啡拉花的入門示範

STEP 1　融合

開始拉花時，首先讓咖啡杯呈現約45度角的傾斜，然後開始注入牛奶。此階段先讓牛奶與咖啡進行融合，在咖啡液中，將牛奶直直注入。

STEP 2　注奶

持續注入咖啡，當牛奶融合到一個高度後，讓鋼杯往前靠，貼近咖啡杯。當奶鋼一壓低，就可以發現白色的奶泡浮出來，這就是所謂的注奶。而當發現奶泡開始浮起來的時候，可以開始進行第三個步驟。注奶時一定要夠靠近咖啡的液體表面，如果離得太遠，奶泡就會浮不起來。奶泡一定要浮起來，才能透過晃動表現出圖案。

STEP 3　晃動

當奶泡開始浮起來，在注入牛奶時便可開始輕微晃動，讓奶泡在表現出左右勾勒的線條感。持續地晃動，並隨著牛奶的注入，一邊推積出線條的厚度。晃動時，手臂跟手腕，只要動一處即可，若動手臂，則手腕不動，避免手臂手腕同時晃動，這樣會造成亂流。

STEP 4　收尾

當牛奶接近注完，便可將奶鋼往前拉，同時拉高收尾。以牛奶為畫筆，在咖啡液體表面中拉出一條線，穿越方才晃動出來的圖案。

STEP 5　完成

最後形塑出一個多線條的層次愛心造型，此款拉畫設計適合入門玩家練習奶鋼晃動與注奶時機的掌握。

2-5
壓力萃取

摩卡壺

義式咖啡先行者

TIAMO
TIAMO

速拆摩卡壺

研磨程度：細　材質：不鏽鋼

不同於一般摩卡壺的鋁合金材質，此款以厚實的不鏽鋼製成，壺身採鏡面處理，方形造型在旋開或組合時都較好抓握，最大特色是採快拆式設計，下壺只要向右轉90度即可拆卸，壺身底部使用具導磁性的430不鏽鋼，適用於瓦斯爐或電磁爐。

經典│機能│風格│入門│進階
195
1~12杯

Bialetti
台灣總代理ikuk艾可國際

經典摩卡壺

研磨程度：中　材質：鋁鎂合金

1933年Bialetti創辦人暨義大利工業設計師Alfonso Bialettii發明的，即是這款經典摩卡壺，它不但是全世界首創的家用Espresso壺，也讓該品牌成為摩卡壺代名詞。Alfonso從當時的蒸氣洗衣機擷取靈感，運用在蒸氣將水從下壺抽取至上壺的原理，選擇導熱快、散熱快的鋁做為材質，並為了均勻受熱及保留咖啡氣味，將咖啡壺做成著名標誌的「八角型」，僅3～5分鐘即可輕鬆享受現煮咖啡，不插電，輕巧便於攜帶，受單車、野餐、露營等族群喜愛。除了1~4杯基本規格外，也有6、9、12等大杯分容量可供選擇。

經典│機能│風格│入門│進階
194
3杯份

Bialetti

🍵 台灣總代理ikuk艾可國際

加壓摩卡壺

研磨程度：中　　材質：鋁鎂合金

Bialetti除了最暢銷的經典摩卡壺之外，另一個同樣廣受
歡迎的就是加壓摩卡壺（Brikka），因為加壓款設有專利
的加壓閥，所以煮出來的咖啡油脂（crema）比較多，
口感較為濃郁，特別適合加入牛奶，製成拿鐵品飲。上壺
加壓閥經過氣壓累積，從而產生完美的咖啡油脂。

風格 ｜ 入門
機能 ｜ 進階
思考

196

2、4杯

咖啡迷的風格器物學

156
.....
157

PART
2-5
壓力萃取

|經典|機能|風格|入門|造藝| **197** 2杯

|經典|機能|風格|入門|造藝| **198** 2杯

Bialetti　　　🛍 台灣總代理ikuk艾可國際

乳牛摩卡壺

研磨程度：中　材質：鋁鎂合金

乳牛摩卡壺外型結合乳牛花色與斑點，造型超萌，可結合牛奶一次烹煮，3～5分鐘即可輕鬆享受新鮮拿鐵、卡布奇諾等，台灣民眾因為熱愛拿鐵，此款摩卡壺特別受到歡迎。下壺加水，粉槽加咖啡粉，上壺加牛奶，煮卡布奇諾壓下氣壓閥，煮拿鐵拉起氣壓閥，就可獲取散發奶香的咖啡。

Bialetti　　　🛍 台灣總代理ikuk艾可國際

插電式摩卡壺

研磨程度：中　材質：鋁鎂合金、塑膠

Bialetti當年發明置於火爐上的經典摩卡壺，隨著通行用電，人稱咖啡先生的Bialetti再次發明Moka express插電版，插電版小巧精緻，安全且輕便，除了家用外，也便於旅行攜帶使用，提供住宿飯店、或家中沒有廚房者便利選擇，適用全球通用電壓100-230V。

199

4、6杯份

經典｜機能｜風格｜入門｜進階

Bialetti　　　🥄 台灣總代理ikuk艾可國際

不鏽鋼摩卡壺-維納斯

研磨程度：中　材質：不鏽鋼

Bialetti承襲百年工藝，以手工製品著
稱，而來到現代則針對慣用不鏽鋼材質
者，也推出不鏽鋼摩卡壺系列，有維納
斯（Venus）、設計師（MUSA）兩種款
式，在壺身、防燙握柄等有不同別出心
裁的設計，可以使用在電磁爐。

咖啡迷的風格器物學

158
.....
159

PART
2-5

壓力萃取

經典│機能│風格│入門│進階
200
1～10杯

ALESSI

👜 ALESSI

李查沙伯咖啡壺Richard Sapper 9090

研磨度：中　材質：不鏽鋼

在ALESSI的歷史裡，Richard Sapper 9090堪稱一款經典。這款由德國知名工業設計師Richard Sapper設計的作品，外型有如一具火箭，它不單是ALESSI首件廚房產品，首創拉扣式開關，並經過127道製作精良程序製作而成，讓ALESSI在1979年獲得金圓規（Compasso d'Oro）設計大獎，並成為MoMA永久收藏品，目前已暢銷超過2百萬件。

ALESSI

👜 ALESSI

母雞咖啡壺Pulcina

研磨度：中　材質：不鏽鋼、鋁合金、PA

Pulcina這款由設計2015世博米蘭館的建築師Michele De Lucchi設計的摩卡壺，是Alessi與義大利咖啡名牌illy 15年來開展咖啡壺研究計劃的成果，能突顯illy濃縮咖啡的香濃口感。壺身設計雖然奇形怪狀，但這外型不單是裝飾，也能夠保留和提升咖啡的濃稠口感和圓潤香氣，由上下兩個部分組成，底座較闊，與上半部的線條無縫連接，咖啡壺以鋁合金製造，猶如小雞嘴啄的V形壺嘴設計讓咖啡倒進杯時，不會滴漏。Pulcina母雞摩卡壺有紅黑兩款，容量分為1杯、3杯及6杯三種。

經典│機能│風格│入門│進階
201
1～6杯

ALESSI　　　　　　　　　　　ALESSI

蔻妮卡・咖啡煮壺La Conica

研磨度：中　材質：不鏽鋼

此壺由知名義大利設計師、建築師Aldo Rossi
設計，身為1984年義大利首位獲得普立茲克
獎的建築師，Aldo Rossi為ALESSI「Tea &
Coffee Piazza」專題所設計的「La conica」
摩卡壺，外型如中世紀哥德式建築，極富標誌
性與代表性，是古典藝術的表徵，三角形的壺
嘴讓咖啡能流暢傾出，不潑濺也不易回滴。當
年一推出便造成轟動，成功的為ALESSI旗下的
Officina Alessi系列奠定基礎，更成為1980年
代的設計代表作。

ALESSI　　　　　　　　　　　ALESSI

黑曜岩摩卡壺Ossidiana

研磨度：中　材質：鋁、樹脂

由設計師Mario Trimarchi設計的這款摩卡
壺，宛若一件神秘雕塑。Mario Trimarchi
便曾說過：「我很迷雕塑。那種從純粹的一
塊東西上減去物質，以發現內在隱藏形象
的雕塑。為了達到一個相似於建築雕刻的
咖啡壺，希望當它被旋開時在掌中觸感良
好，我從一個圓柱體開始，一塊塊削去成
現在的模樣。」以拋光鋁製作，讓人想起
一顆切割的石頭，為符合人體工學所雕刻
的壺身，讓操作更為容易與安全，而且在
接近握柄處，有一個熱塑性樹脂覆面的小
鋁球鈕，可讓蓋子容易打開和關上，免除
被燙傷的危險。黑色熱塑性樹脂把手更呼
應多面設計的咖啡壺，Mario Trimarchi更
特別為咖啡壺設計的六角形外包裝，與咖
啡壺的切面相匹配。

Bialetti　　⬤ 台灣總代理ikuk艾可國際

水晶玻璃摩卡壺-寶石紅

研磨程度：中

材質：高硼矽玻璃、鋁鎂合金

造型晶瑩美麗，特別受女性喜愛，上壺身為
法國精製高硼矽玻璃，可耐瞬間高溫差，下
壺身加厚烤漆，經久不脫色，有寶石紅、珍
珠白兩色。

204
2杯

Bialetti　　　　　🔵 台灣總代理ikuk艾可國際

電火摩卡壺-迷霧金

研磨程度：中　　　材質：鋁鎂合金、不鏽鋼

Bialetti於2015年推出新品，上壺為鋁鎂合金，下壺為不鏽鋼材質，結合異材質，因此除了可使用於瓦斯爐，亦可使用於電磁爐，有迷霧金、銀河輝兩色。採用鋁作為材質起家的Bialetti，使用鋁材以原生鋁礦製成，不含再生鋁材的雜質和毒素，除了安全之外，咖啡壺內部處理人為粗糙，利於咖啡香味保留，外表保持鋁材粗獷風格，頗具特色。

205
—
3杯份

經典｜機能｜風格｜入門｜專業｜簡易

摩卡壺步驟

STEP.1
磨豆粗細為中。

STEP.2
在摩卡壺的底座加入冷水，切記不能超過卸壓閥的下緣。

STEP.3
將咖啡粉倒入內槽，使咖啡粉均勻分布。

STEP.4
上下壺旋緊，火力不宜超過下壺底部，火太大的話容易燒到手把與壺身連接處。將摩卡壺放在爐上，可觀察沖煮狀態，當咖啡萃取液湧入上壺時，即可移開瓦斯爐，待其靜止後即可飲用。

義式咖啡機

風格先決的義式選擇

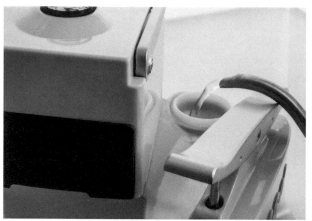

機能／風格／入門
經典／連發

206

The Nomad

ASAMORI International LTD.

Nomad Plus Espresso
行動義式咖啡機

研磨程度：細　材質：POM、EPDM、矽膠、不鏽鋼

顛覆傳統使用經驗，不需用電及氮氣瓶，手動壓壓即可即能完成Espresso的超簡易按壓咖啡機。只需咖啡豆與水，利用翹翹板般的手動幫浦，利用上半提把下壓後，將蓬蓬頭與濾器緊密結合，達成氣密作用。專利不鏽鋼TCV，重量僅1.1kg，倒入冷水即能進行萃取，是野外露營的好搭檔！

WPM coffee Lab ● WPM coffee Lab

KD-310

研磨度：細　材質：不鏽鋼、金屬壓鑄

此款半自動義式咖啡機是出自香港器具品牌 WPM coffee Lab，以入門機款來說，它的cp 值高，七段可調式蒸氣流動速率，蒸氣強勁，輕鬆製作綿密奶泡，也可練習拉花。

207

Strietman ● Alpha Coffee & Tea

Strietman ES 3 家用壁掛型咖啡機

研磨程度：細　材質：不鏽鋼、銅、木

荷蘭Strietman推出的拉霸咖啡機一推出即大受好評，採用簡單機械原理，萃取過程可分成兩個簡單動作：上提以及下壓握桿，過程中自己決定上提的高度與速度，香氣瀰漫四周，而且非常安靜，可插電使用電能加熱熱水。除了壁掛型，另有放置在桌上的CT1桌上型拉霸咖啡機。

208

GAGGIA　　　　　　　禧龍企業

Brera全自動咖啡機(HG7249)

研磨程度：細　　材質：不鏽鋼

號稱全球體積最小的咖啡機型。15大氣壓幫浦，頂端有溫杯盤設計，倒放即可完成溫杯，取杯萃取更為便利；Aqua Prima濾水器能保護鍋爐水質，延長機器壽命，喝出咖啡的真實風味。具有研磨粗細調整，可因應不同口味咖啡調整研磨粗細度；沖泡器為世界專利易拆式設計，可輕鬆拆下清洗，渣盒、儲水盤亦可獨立拆下清潔，使用便利。

209
2杯

210
2杯

GAGGIA　　　　　　　禧龍企業

PLATINUM VOGUE全自動咖啡機(HG7242)

研磨程度：細　　材質：ABS＋烤漆

擁有世界專利的EPS沖煮系統，可隨個人口味，調整咖啡濃醇度，容錯率高。可手動升降滴水盤，配合不同咖啡杯調整高度。內部為陶瓷磨豆機軸，讓機體不易升溫，聲音也能降至最低，同時不破壞咖啡品質，現磨現煮更能萃出真風味。

211
2杯

GAGGIA　　　　　　　禧龍企業

CLASSIC專業半自動咖啡機(HG0195)

研磨程度：細　　材質：不鏽鋼、鋁合金

透明可移動式水箱，可盛裝1.6公升大容量的水，製作時可清楚看見水位狀況。搭配入門電子式操控面板，易懂好使用；直立式熱水鍋爐，加熱快速穩定，蒸氣量足，是在家製作義式咖啡的入門參考機型。

Bellman   米家貿易

濃縮咖啡機CX25P

材質：不鏽鋼、鋁

屬於經濟型濃縮咖啡機，利用高壓蒸汽和熱水沖煮
咖啡，能製作出義式咖啡、黑咖啡或拿鐵等種類，
可於瓦斯爐、電磁爐上加熱，內附粉末減量片，
3、6、9人份咖啡皆可沖煮，最大特色在於還能透
過高壓水蒸汽輕鬆製作奶泡，此款CX25P型附壓力
表，方便監控壓力。

經典｜機能｜風格｜入門｜進階

212

3~9杯

拉花鋼杯

咖啡師的畫筆

經典｜機能｜風格｜入門｜進階
213
—
500mL

鍛金工房 Westside 33 ⬤ 光景 Scene Homeware

京都茂作 奶泡鋼杯銅／鋁

材質：銅、鋁

京都著名工坊Westside 33鍛金工房手工製作的奶泡鋼杯。由於是鍛金職人寺地茂製作，因此旗下出品的器物，也會加入職人的落款「茂作」。此品項並非大量生產，而是需要透過訂購，適合專業玩家作為逸品收藏。

Driver ⬤ 村宜企業

奶缸

材質：18-8不鏽鋼

18-8不鏽鋼製造，專業不沾塗層，具優異的抗黏性，易於清理。新式特殊的尖嘴口設計，適合細緻水流的控制，並讓斷水更臻完美，加寬把手距離，手感穩定易持，刻量標示也方便確認沖泡計量。

經典｜機能｜風格｜入門｜進階
214
—
350mL

RW

⬤ 米家貿易

拉花鋼杯

材質：不鏽鋼

RW系列拉花杯因世界拉花冠軍澤田洋史喜愛使用，而備受矚目。其杯壁達1mm較其它品牌厚實，打出的奶泡溫度較高，杯口尖端細，傾注時流出的牛奶量均勻，奶沫的順滑度高於其他拉花杯，因此更能操作壓紋圖形。無翻唇的拉花嘴設計，可以勾勒較細膩複雜的圖案。此系列並有豹紋、迷彩、虎斑等圖樣，潮流感十足。

經典｜機能｜風格｜**入門**｜進階

215

12oz、20oz、32oz

經典｜機能｜風格｜**入門**｜進階

216

20oz

EARTH

⬤ 米家貿易

透明拉花杯

材質：耐熱樹脂

採用環保無毒材質製作，不含雙酚A，鮮豔的色彩具繽紛清透感，容量也一目了然。其拉花嘴為尖口式設計，可創作細緻的線條，共有紅、藍、綠、黃、透明多種款式可選。

Barista Gear

⬤ 米家貿易

拉花鋼杯

材質：不鏽鋼

台灣研發製作的品牌，主要特點在於拉花嘴出口角度較小，杯口適當的翻嘴導流設計，讓牛奶與奶沫更容易流出，傾倒時流速確實好掌握。鋼杯寬大的握把設計，適合各式使用習慣與握法，握感舒適操作起來相當順手。

經典｜機能｜風格｜**入門**｜進階

217

12oz、20oz、32oz

咖啡迷的風格器物學

168
......
169

PART
2-5
壓力萃取

| 經典 | 功能 | 風格 | 入門 | 進階 |

218

EARTH　　　　　　米家貿易

不鏽鋼抽屜式敲渣盒

材質：304不鏽鋼

填壓器將濃縮咖啡機濾器內的咖啡粉壓成餅狀，經熱水高壓衝擊後，會變得相當密實，需經敲擊粉塊才會掉落，準備個抽屜式敲渣盒，放置於義式咖啡機或磨豆機下方，收納粉渣相當方便。

EARTH　　　　　　米家貿易

不鏽鋼填壓器

材質：不鏽鋼

使用義式咖啡機時不可或缺的小工具，用來填壓咖啡粉使其平整，熱水經高壓沖過粉末表面時便能平均受力，握把有材質、色彩、圖樣等不同變化，底座則分平面或圓弧狀，可隨個人喜好挑選，用起來順手才能均勻施力將粉末按壓至密實。

| 經典 | 功能 | 風格 | 入門 | 進階 |

219

ONA

光景 Scene Homeware

OCD ONA Coffee Dist整粉器

材質：矽膠

此款整粉器是由2015世界咖啡師冠軍Sasa Sestic所開發設計，底部設計採用了十字型的突出斜面，將整粉器放在粉碗上方後旋轉，整粉器便可將咖啡粉刮平，取代填壓器手工按壓的效果。

經典｜機能｜風格｜入門｜進階
220

Saint Anthony Industries

光景 Scene Homeware

整粉器Levy Tamp、接粉器 Shot Collar

材質：硬木、黃銅、不銹鋼

美國咖啡器具品牌設計的接粉器與整粉器，方便玩家在進行義式咖啡機萃取時的咖啡粉更平整。簍空設計的接粉器Shot Collar可以安裝在沖煮手把上，當咖粉落下時，經過中間的橫槓即可自動讓咖粉的分布更為平均。Levy Tamp整粉器，同樣輕蓋在粉碗上方，旋轉後即可透過底部不規則的斜面，刮平咖啡粉。

經典｜機能｜風格｜入門｜進階
221

EARTH

米家貿易

Barista職人填壓墊

材質：矽膠

放置工作檯抬邊的道具，呈L型貼合檯面，可用來置放填壓器，壓粉時，可將濾器手柄穩固靠於側邊凹槽處，較易使力，各式花樣圖案的填壓墊設計亦創造出獨具風格的吧台一角。

經典｜機能｜風格｜入門｜進階
222

Plus

戶外沖煮器具

⌄

露營必備

咖啡迷的風格器物學

170

.....

171

PART

2-5

壓力萃取

TIAMO

● TIAMO

半透明輕巧手搖磨豆機

材質：壓克力、精密陶瓷、不鏽鋼

屬於攜帶型磨豆機，其外觀簡約、功能完備，因構造輕巧，研磨時不需要太多手臂的力量，陶瓷刀盤能減少磨豆過程中磨擦生熱的溫度，並可直接水洗不會生鏽，欲變換研磨粗細時，只需調整內外錐形齒輪密合度即可，操作簡單，下方儲粉槽可存放約2杯咖啡粉量。

| 機能 | 風格 | 入門 |
223
—
25g

Earth

● 米家貿易

攜帶式彈簧濾杯

研磨度：中　　　材質：304不鏽鋼

針對一般濾杯體積大、不易攜帶之缺點，台灣廠商貼心開發出此款可伸縮收納的輕便型濾杯，其材質輕盈，適合所有正規廠牌濾紙，架在馬克杯、咖啡壺上便可萃取，有不鏽鋼、金色和亮銅色三款式可選擇，是戶外沖煮咖啡時的好夥伴。

| 機能 | 風格 | 入門 |
224
—
1~2杯

Cafflano

🍵 KJ-Life凱傑生活有限公司

Klassic隨身All-in-One
手沖研磨咖啡杯

研磨程度：粗　　材質：不鏽鋼、陶瓷、矽、塑膠

All-in-One是韓國Cafflano品牌招牌特色，曾榮獲多項大獎，包括2015瑞典科德堡最佳咖啡器具獎，集結滴水壺、折疊式手搖磨豆機、不鏽鋼過濾滴頭、平底隨身杯於一體。陶瓷研磨刀頭可輕鬆旋轉、快速磨豆，研磨調整螺釘可調控研磨咖啡粉的粗細，不鏽鋼過濾網免濾紙，且細膩濾網，可完整萃取，保溫杯大小適中，方便攜帶。

經典 / 機能 / 風格 / 入門 / 進階

225

450mL

WACACO

三分之二美科技

minipresso-GR 迷你濃縮咖啡機（咖啡粉款）

研磨程度：細

材質：耐熱塑膠PBT與PP、不鏽鋼

不須電力與濾紙，重量僅350克，便於外出攜帶不占空間。填裝咖啡粉、注入熱水，輕鬆按壓，即可在短時間內萃取出約67度C的完美溫度espresso，享受其乳化濃密的咖啡油脂，一人獨享恰到好處，另有咖啡膠囊款供選擇。

機能 / 風格 / 入門 / 進階 / 典藏
226
70mL

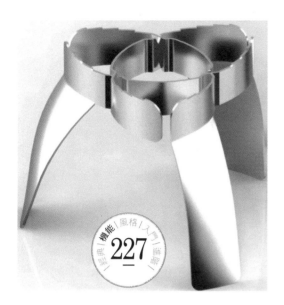

SSS
◗ 米家貿易

攜帶式瓦斯爐架

材質：304不鏽鋼

上方可放置各式迷你爐具，拉開咖啡壺與火源的距離，此款最大特色是快拆式設計，能輕鬆組合，外出使用收納方便，曾獲德國紅點設計大獎肯定。

227
經典 / 機能 / 風格 / 入門 / 進階

HyperChiller
◗ 三分之二美科技

一分鐘急凍瞬冰杯

材質：食用級不鏽鋼、塑膠

只需60秒即可將熱飲變成冰飲的速凍杯。內部採用不鏽鋼三段式結構設計，將水倒入杯中，放入冰箱冷凍12小時，熱飲品注入時，用內層與外層的快速雙重傳導，一分鐘即可急速降溫，露營郊遊也可品味冰鎮咖啡。特殊杯蓋設計，注入口大、到出口小，注入倒出皆便利不易撒出。

228
370mL
經典 / 機能 / 風格 / 入門 / 進階

229
2~4杯
經典 / 機能 / 風格 / 入門 / 進階

MUNIEQ
次世代運動

Tetra Drip攜帶型濾泡咖啡架

研磨程度：中　材質：不鏽鋼

來自日本的 MUNIEQ（Minimal + Unique Equipment）以簡約俐落的設計理念實踐輕巧、堅固的Tetra Drip，方便咖啡迷外出攜帶。產品還設計了同樣具質感的皮革收納袋，可連同咖啡架，與濾紙、咖啡粉一併收納，戶外活動也可享用美味咖啡。

Cafflano　🛍 KJ-Life凱傑生活有限公司

Kompact隨身按壓咖啡萃取機

研磨程度：中

材質：不鏽鋼、矽、塑膠

市面上少見的攜帶式按壓咖啡機，以最輕巧、體積小（可折疊）為特色，也是一款首創藉由風箱原理所設計的咖啡機，風箱型波紋杯和真空蓋子的設計，得以實現沖泡簡單並在過程中有效傳輸最大壓力。

機能｜風格｜入門｜進階｜
經典｜尖端｜

230
—
220mL

Presse by Bobble

三分之二美科技

手沖咖啡保溫杯

研磨程度：中

材質：不鏽鋼、食品級矽膠

結合保溫杯、手壓咖啡壺的多功能手沖咖啡杯。不須濾杯及濾紙，將咖啡粉倒入外杯，注入熱水後將內杯一路往下推，等待三分鐘即可享用。內杯設計為回流濾器，將咖啡渣阻絕在下方，外杯使用雙層不鏽鋼壁，保溫效果極佳，冰熱皆可沖泡，共有五色可供選擇，另有小王子圖案特別版，適合家庭出遊使用。

經典｜機能｜風格｜入門｜廚藝

231

220mL

Part 3

咖啡器具相對論

濾杯的設計有何差異、手沖壺怎麼選擇、注水
方法又有什麼差異？圖解不同器具之間的相似
與相異，掌握器具設計的原因，體驗最適合自
己的手沖技巧！

Coffec Drippers Comparison

3-1
濾杯比較

濾杯怎麼選？差在哪？一直是入門咖啡玩家的疑問。咖啡粉與水接觸的過程，大大地影響了咖啡的整體風味。濾杯的種類多樣，其中的尺寸、材質與設計，各有不同，萃取時的手感與效果，也有各自風景。

歷史上的手沖濾杯，是由德國的Melitta Bentz女士所發明，以注水至乾燥咖啡粉上萃取咖啡液的手工沖泡方式，而這就是現代手沖濾杯的原型，而市場上的經典品牌Melitta，便以其名作為品牌名稱。

Melitta是梯形濾杯的經典代表。

A 濾杯的造型

德國咖啡器具公司Melitta所生產的第一款濾杯，是下方僅有單一孔洞的梯型濾杯。由於採取單孔設計，過水速度較慢，所以悶蒸的時間也長，風味較飽滿，口感較厚實。單孔的設計，在濾杯杯底的孔洞，很容易在過濾時，因為咖啡粉沾濕後的沉積，而造成孔洞阻塞，孔洞阻塞後便很容易讓導致過水速度緩慢，進而過萃，產生雜味。為了解決這個問題，品牌開始針對器具的設計進行改良。首先是把單孔改為三孔。增加孔洞，以增加過水速度。雖然孔洞變多，但造型仍屬於梯形。

錐形濾杯的出現變化手沖的不同風味。

隨著咖啡文化的興盛，其他品牌開始漸漸嘗試不同的濾杯設計，日本經典器具品牌KONO的名門錐形濾杯，改採錐型設計，杯底僅有大型單孔。錐形的設計，變更了梯形濾杯過水速度偏慢的問題，圓錐形的濾杯設計，讓咖啡粉與濾紙接觸的面積大幅增加，也因為底部是一單孔，不易阻塞，因此加快了萃取的速度。

除了梯形與圓錐形的濾杯，日本器具品牌KALITA則推出了類似圓錐，但杯底更寬，並將單個大型孔洞，改為三個小洞的Wave濾杯。Wave濾杯的特點在於其所使用的濾紙，具有多個波浪凹折，看起來就像是個小蛋糕，因此也常被稱為蛋糕濾杯。除了濾紙，Wave濾杯的另一個特點在於其為平底，過水孔平均位於瓶底的三個角落，所以咖啡粉的萃取相對穩定，簡單易用。

不同於傳統的梯形與錐形濾杯，Wave濾杯沒有阻塞的問題，非常適合入門玩家使用。

PART
3
咖啡器具相對論

同樣是Melitta扇形濾杯，但可以發現其肋槽的設計，隨著時代不同，也具有不同的版本。

V60最經典的設計，就是把杯壁肋槽改為螺旋式設計。螺旋肋槽的路徑比直線更長，水順著肋槽倒流時，因為路徑長，所以拉力會更大。這也是V60過水速度快的原因。

不同於錐形濾杯，扇形濾杯在杯底處也很可能會有阻塞，醜小鴨濾杯便在杯底加入了兩個圓點，增加底部的深度。

從肋槽的位置與深淺，也可以想像設計師想要透過濾杯傳達的萃取樣態。客器的六肋陶瓷濾杯，僅在濾杯下方加入六條肋槽。由於沒有肋槽的部位，流速會比較慢，所以也可以想像此款濾杯傾向先慢後快的萃取節奏。

B 肋槽

但濾杯的造型並不是唯一影響過水與萃取效果的地方。可以發現，濾杯的造型是挑選與辨識的重點之一，從早期的扇形，到現代蔚為主流的錐形，以及頗受好評的Wave濾杯，除了造型，濾杯杯壁的肋槽，更是一個重要的設計元素。由於濾杯內會再放入濾紙，加入水後，濾紙很容易因此貼在濾杯的杯壁，為了增加過水的順暢度，因此濾杯的杯壁，往往會加入肋槽設計，爭取濾紙與濾杯之間的空間，讓空氣得以在其中流動自如，增加水流的速度。

即便是扇形濾杯，也可以發現其中肋槽的位置、深淺，也會隨著品牌而產生不同的差異。如上所述，由於肋槽的作用，在於讓濾紙與杯壁不至於太過貼合，因此肋槽的高低長短，也有其各自的差異。一般來說，肋槽愈立體，導流的效果愈好，而肋槽愈長，水流的拉力也愈高，過水的速度就會愈快。

C 材質

直至現代濾杯設計，儘管各品牌造型、肋溝、孔洞大不同，但簡單來說，「過水順暢」都會是濾杯設計的一大重點。不過除了造型的設計，濾杯的材質也存在許多差異。常見的濾杯材質包括：陶瓷、玻璃、樹脂與金屬。理論上不同的材質，導熱速度也會有所差異，但因為由於手沖的時間短，只有二至三分鐘，因此濾杯材質，實際上對於溫度差異或保溫效果的影響，並不會太大。

但無論材質為何，建議濾杯在使用前須以熱水沖燙過，一來清潔消毒，二來能夠減少濾杯和咖啡液的溫差，預防萃取過程中水溫降低的速度過快。沖泡手法上，只需要注意孔洞少的濾杯，如經典陶瓷扇型濾杯，須以緩慢、少量水柱沖泡，水流才不至於淤塞。

咖啡迷的風格器物學

182
.....
183

PART
3 咖啡器具相對論

手沖的樂趣與難度，在於其中充滿許多變因。同一支咖啡豆，運用不同的注水節奏，也能表現出截然不同的風味。而在手沖的過程中，如何將熱水穩定地注入咖啡粉，手沖壺使用不但是關鍵，也是能大大影響注水方法的技術性用具。

在挑選手沖壺時，摒除設計美感的偏好，更應該注重的使用手感，以及個人注水技術的掌握。以咖啡新手來說，建議可以先從「壺身」、「壺嘴」、「壺頸」以及「握把」等細節觀察。

A 壺身

依照壺身的造型，手沖壺可以簡單區分為「圓筒型壺」與「梯形壺」兩大類型。壺身造型不同，注水時的效果也大大不同。然而，不論何種造型，手沖壺在注水時，皆不建議裝至滿水，最適宜的注水高度為六或七分滿。盛水太多會因重量過重造成壺身控制不易，或蓋子被水壓推擠而掉落；注水太少則會因水量減少幅度高，而造成溫度降低太快。此時想像水裝入壺中的體積，當壺內盛裝六分水後，若水體積的水體積的長寬高比接近長方體，則為圓筒壺；長寬高比接近立方體的，就稱為梯形壺。

由於梯形壺的水體積，接近立方體，因此當水面傾斜時，對於壺根所造成的壓力相對較小，因此水流變化幅度較小，較容易穩定操控，適合新手使用。圓筒壺的水體積接近長方體，水面傾斜時，水流從壺根傾出的壓力較大，所以操控的水流變化也大，較易透過手感與傾斜角度的調整，變化柱大小，對於專業咖啡師而言，較具操作便利性，一隻壺就能適用不同狀況的沖泡需求。

圓筒型壺，也被稱為直立壺、柱狀壺，顧名思義，壺身呈現直線的圓筒狀。

梯形壺又稱大肚壺，壺身上窄下寬，呈現梯形。

B 壺嘴

壺嘴的設計可以概分為直切與翻唇，直切的壺嘴，造型稍尖，水流較小且好控制，但也時候也會因為不小心碰撞到，使得壺嘴輕微受損，若尖嘴缺角就會造成水流分岔；除了直切的壺嘴，也有翻唇造型的壺嘴。翻唇的壺嘴，相對會比較適合使用在點滴式的注水。此外，常見的誤解是翻唇就只能表現大水柱，其實不論直切或是翻唇，都有能夠變化水柱大小的器具。棉花罐水沖壺，就是直切壺嘴，但能表現細水柱的一例；KALITA的大嘴鳥手沖壺，便是翻唇、鶴嘴，但也能表現細水柱。因此壺嘴造型與水柱的大小強弱，較無法非黑即白地去簡單歸類。

⇐大嘴鳥具有翻唇、鶴嘴型的設計，粗細水柱皆可柔順表現。

⇩直切壺嘴是很常見的設計，也有一說是直切的角度愈大，因表面張力小，水柱較不易沿壺頸留下。

←壺頸粗的手沖壺，想當然耳注水效果較接近大水柱。

↗壺頸的彎曲角度，也是一門學問，壺嘴愈能貼近杯壁，愈好用。

↓壺頸細的手沖壺，是市場主流，也較適合入門者使用。

C 壺頸

　　壺頸的粗細，也是影響注水大小強弱的一個重要因素，壺頸細，出水量較少，因此水流較好控制；壺頸粗，則出水量多，雖然可以調控的出水變化較大，但較難操控。另有一種接近壺根部分粗、接近頸口部分細，下粗上細的象鼻壺頸，此類型的壺頸由於壺根粗、水壓大、沖力強，在沖泡時保持等量出水的技巧度較高。

　　新手咖啡玩家在沖泡咖啡時較容易造成注水不均勻的問題癥結點在於壺嘴離咖啡粉表面太遠，雖然多數壺頸多為天鵝頸造型，可配合杯口注水，但仍可留意靠近壺嘴的曲線，是否留有足夠的長度延伸至最靠近粉面的距離。簡單來說，愈能把壺嘴貼近濾杯的手沖壺，愈能降低水的衝力。

D 握把

　　觀察手沖壺的握把，可以先觀察其設計造型是否符合人體工學，以好握省力為訴求，當握壺手臂和壺身出水口呈現直角、手肘愈靠近身體時，沖泡最為省力，手腕也比較穩，不會因為需要維持費力角度而難以控制。

　　此外，在挑選握把時，也需要考慮是否會有導熱，難以握持的問題。如壺身和握把一體成型時，就需要在把手墊上毛巾或布隔熱，若把手和壺身之間有加入螺絲，或者其他材質分散熱度，則不需要擔心握把過熱。話雖如此，個人的手感還是很難描述，建議選壺時，還是要親自握壺體驗，以自身的感覺挑選最適合自己手勢、握持最省力的手沖壺，才有意義。

←如壺身直接連結握把，則要注意水溫過高時，可能會燙手。

←加入不同材質的握把，除了美觀，也具有隔熱的效果。

E 材質與注水

　　在講求手沖壺中水溫恆定的目標上，大部分的手沖壺材質都能滿足維持水溫降低不超過4度以上的要求，如不鏽鋼、銅、琺瑯等，因此手沖壺材質可隨喜好自由選擇，對於沖泡出的咖啡品質影響不大。

　　然而注水方法千變萬化，基本上可以分為「外圍均勻注水」與「中心點滴注水」兩種基本沖法。手沖咖啡的萃取，是咖啡粉接觸到水之後，產生「溶解」與「擴散」的現象，進而得到我們飲用的咖啡液。不過實際注水時，也很容易發生注水不均勻的狀態，這是指濾杯中的咖啡粉溶解與擴散的狀態不一致，有些有溶解到，有些沒有，因為不均勻，所以會產生雜味。為了在手沖的時候，讓所有的咖啡粉都能穩定一致與熱水作用，因而也產生了「外圍均勻注水」與「中心點滴注水」兩種注水的概念。

「外圍均勻注水」是最常見的注水法，若嚴格細分，還可以講究順時鐘或逆時鐘，繞圈時是由外到內，或由內到外。但不論如何，繞圈注水的目的，是為了濾杯中的所有咖啡粉，都可以穩定、一致地與熱水接觸。讓每一粒咖啡粉穩定地溶解擴散，才能得到完美的風味。

忽大忽小，忽強忽弱的注水，會讓咖啡粉萃取的狀態不一致，某些部位可能沒有萃取到或是過萃，因此容易產生雜味。

「中心點滴注水」也稱為點滴式注水。強調先在濾杯中央點滴熱水，讓咖啡粉慢慢溶解與擴散，像漣漪一般，從中心開始，逐漸向外蔓延，先貫穿濾杯中央最厚的咖啡粉，接著再繞圈澆淋外圍的咖啡粉。

Tips for pour coffee
3-3
咖啡師的注水心法

山田珈琲店／山田清隆、小蛋

山田珈琲店

鑽研多年手沖注水技法，是KŌNO式與金澤式手沖咖啡法的重要推手，同時也是台灣咖啡圈中擅長巧妙應用注水技法的咖啡名店。

高手的進路 ── 點滴式注水原理

決定一杯手沖咖啡風味的因素很多，注水方式的變化乃是關鍵之一。專業咖啡師更會根據咖啡豆的新鮮度和個性，調整沖泡方式。不同於一般常見的繞圈注水法，中心點滴注水則以稍低的水溫和較長沖煮時間，透過緩慢的步調萃取，萃取出美好咖啡豆的風味。而中心點滴注水，又可分為河野式（KŌNO）和金澤式（Kanazawa）兩種注水方法。

河野式（KŌNO）

KŌNO式注水法，其概念最先取自法蘭絨濾布沖煮時的點滴注水法。1973年河野敏夫先生為了改善法蘭絨濾布清洗困難的缺點，依照法蘭絨濾布圓錐造型發明出圓錐形濾杯，讓方便使用清洗的濾紙、濾杯組合，也能夠沖出似法蘭絨濾布所沖咖啡液的厚實圓潤。利用如點滴般一滴滴注水方式，先從中心滴注水份，貫穿中心較厚的粉層，讓最不容易吸到水分的部分吸飽水份，達到悶蒸的效果，而在萃取的末期再利用大水柱使雜質與咖啡液隔離，避免萃取過程中的雜味，滲入咖啡風味。

中心較厚的粉層，讓咖啡粉有充分的時間吸收熱水並釋放風味，而在萃取的末期再利用大水柱使雜質與咖啡液隔離，避免萃取過程中的雜味，滲入咖啡風味。

金澤式注水法

金澤式注水法由發明人金澤政幸先生所創，強調只萃取前段風味最好的部分，保留分子較細也較早釋出的好風味，在分子較粗也較晚釋出的單寧、植物酵素等具焦、苦、澀味的雜味釋放之前，便結束萃取，只留下精華的咖啡液。僅取前三分之一的沖泡方式，所萃取出來的咖啡液稱為「咖啡原液」，量少但濃度更高，幾近義式咖啡機以高壓水流製成的濃縮咖啡（Espresso），但與濃縮咖啡相較，濃度較淡、口味較柔順，且雜質成分較少。

金澤式同樣從中央開始以畫點方式注入水流，但將原本河野式的水滴拉長，增加與咖啡粉的接觸面積，以求在較短時間內萃取到濃度較高的咖啡液。為講究咖啡液的高濃度，下壺改用刻度較為精準的量杯，掌握水量的精準度，同時避免萃取時間過長而萃取出雜味。也因為金澤式咖啡原液雜質少、濃度高，所以不容易變質，可保存時間較久，在冷藏狀態時可維持5至6天風味不變。

點滴注水的秘密

河野式：

(STEP 1) 整粉

河野式注水法會使用中粗程度的研磨度，以免過萃取出的咖啡液過濃。把咖啡粉裝入濾紙之後，可輕輕敲彈並搖晃濾器杯壁，讓咖啡粉平整，接著以熱水溫下壺，便可開始萃取。

(STEP 2) 水滴注水

首先朝粉面中心的點滴88℃的熱水，粉面開始持續膨脹，維持穩定的滴水節奏，同時觀察當濾器下方是否開始滴出咖啡液。

(STEP 3) 細水柱注水

當濾器下方開始流出一道咖啡液，表示整個咖啡粉已經吸飽水份。此時同樣由中心注入細小水流，但逐漸由中心點向外以小水柱繞圈住水。

(STEP 4) 斷水

小水柱繞圈時會發現有顏色較淡的白色泡沫隨之浮起，當白色泡沫逐漸膨脹，突起並超過膨脹粉面時斷水。

STEP 5 再注水

待泡沫消退，咖啡粉平坦時，再度從白色泡沫邊緣、尚未注入水流處繼續注細水，直到水量淹起超過咖啡粉與濾紙的交界處，再次斷水。

STEP 6 大水柱注水

待咖啡粉平坦後，再次從中心點向外繞圈，但此時要使用較大水柱注入濾杯，讓含有雜質的泡沫浮到最上層，以免這些泡泡流入咖啡液中，直至濾杯全滿則停水。

STEP 7 移開濾杯

待下壺承接到所需萃取的咖啡量時，將濾杯移開，避免萃取到後段含有雜質的咖啡。

STEP 8 攪拌咖啡液

最後以畫十字的方式充分攪拌均勻，目的在於將濃度不同的咖啡液混合。

金澤式

STEP 1 粉面挖洞

在金澤式注水前，同樣需要先整粉、溫下壺。特別的是，首先要在已攤平的粉面中央挖出約一粒花生米深淺的小洞，其作用是其作用是讓待會悶蒸注水時，水流可以中心畫圓的方向，規律的流動。

STEP 2 悶蒸

以細小水柱從中心點注入88℃的熱水，粉面膨脹後等待悶蒸。特別注意，此時要依照咖啡粉量調整注入的水量，每一公克的咖啡粉最多吸收1c.c.的水量，24g的咖啡粉，悶蒸注入的水量便不能超過24c.c.。若在悶蒸時濾杯下方便已開始滴出咖啡液，就表示水量太多了。

STEP 3 水滴注水

待膨脹的粉面已停止膨脹並有些許裂紋時，即可開始從中間進行點滴注水，直到濾杯下方開始滴漏咖啡液時，將點滴範圍由中心擴大繞圈至外圍，讓所有咖啡粉吸收到水分。

STEP 4 細水柱注水

當濾杯下方流出不間斷的細小咖啡液，便可讓注水從點滴調整為細水注，由中心開始向外繞圈注水。由內繞至外圈，當咖啡粉面因注水而膨脹後後停水，直到膨脹的粉面向下消平，再以同樣方式進行第二次注水。

STEP 5 停止萃取

由於金澤式強調咖啡只萃取前段的咖啡濃度，因此當下壺承接到所需萃取的咖啡量時（24g咖啡粉，萃取80mL）即將濾杯移開，避免萃取到濃度不夠高且含有雜質的咖啡。

STEP 6 加水

萃取得到的咖啡原液，可以直接飲用，或加入比咖啡原液多兩倍的水（即咖啡原液與水的比例為1:2），水溫不限，也可以加入牛奶成為咖啡歐蕾。

注水風味比一比

使用不同的注水方式，品味到的咖啡風味也會有所差異。實驗繞圈注水、河野式、金澤式三種不同手沖方式時，同樣維持24g的粉量，使用KŌNO特別仕樣平刀磨豆機R-440刻度7.5的中粗研磨度，繞圈注水和河野式各萃取240 c.c.，金澤式萃取80 c.c.。比較手沖時間，河野式約需要3分鐘，金澤式和繞圈注水則只需2分鐘。

若仔細比較風味差異，可發現：

· 繞圈注水的咖啡液由於沖煮時間較短，口感清爽明亮，從咖啡豆中萃取出的風味平均，整體口味一致。

· 河野式的咖啡液則較能突顯豆子的個性與特色，且因從頭至尾完整萃取，所以回韻較為持久。

· 金澤式的口感則是非常濃郁，加水稀釋後風味反而顯得圓潤滑順，僅擷取前三分之一的萃取策略，有效地排除雜味，讓豆中每種味道更立體明顯。

雖每種方式沖泡出來的口感、風味不同，但對於豆子選擇上卻沒有限制，搭配不同焙度、不同特性的咖啡豆，找到自己最喜歡的絕佳組合，才是體驗咖啡之美的唯一途徑！

風味沒有對錯，但若想找到自己喜愛的滋味，卻也需要比較與嘗試。找到正確的器具使用方法，並從中挖掘自己想要表達的風味，也是許多咖啡人不斷追尋的樂趣。

Part 4

職人帶路的咖啡器具課

手沖咖啡看似門檻很高，是不是非得上課學習專
業手沖技術，才能在自家喝到精品咖啡館的好味
道？我們邀請到兩位咖啡大師陳志煌與林東源，
不藏私地為讀者推薦五款常見的壺，初學者也可
以輕鬆入門，沖泡出風味豐富的好咖啡！

陳志煌 VS 林東源
咖啡達人的手沖咖啡實驗室

文＿黃阡卉　攝影＿張藝霖

陳志煌：「使用金屬濾網沖泡出來的咖啡能得到最完整的香氣。而且不需要消耗濾紙，代表地球上沒有一棵樹會因為你喝咖啡而倒下。」

Fika Fika Cafe負責人，從2000年開始投入咖啡豆精緻烘焙的領域，2013年遠赴北歐，抱回當年北歐杯咖啡烘焙大賽雙料冠軍（Espresso 組冠軍及跨組總冠軍），是北歐國家之外首度獲得冠軍殊榮者。率先引進的北歐風淺焙咖啡，為台灣咖啡市場帶來不同的新風貌。

林東源：「手沖咖啡，花俏的技術手法其次，好好了解器材的設計原理、使用方法，才是最重要的！了解之後再選擇自己想表現或品嚐的咖啡風格。」

於2004年創立 GABEE. 義式專業咖啡館，2007年，成為第一位參與世界咖啡大師比賽之台灣選手。爾後在國內外奪得無數的獎項，受邀國內外專業評審與表演，擔任國家代表選手教練，在各餐飲學院、職訓中心與教育中心擔任講師，至今仍不斷致力推廣專業義式咖啡文化。

美國Chemex手沖壺　🛍 米家貿易

這款手沖壺可說是咖啡器具中的超級經典款，自1941年，德國發明家Peter Schlumbohm以實驗室中的玻璃燒瓶為藍圖設計出來之後，造型一直都沒有變過—由美國藝匠手工吹製，以特殊耐高溫耐侵蝕的玻璃製作，一體成形的壺身，上半部似玻璃漏斗，下半部像是錐形燒瓶，為紐約現代藝術博物館的永久收藏品。不同於一般濾杯的多道溝槽形式，Schlumbohm博士特別於上半段壺身增加了一道他稱之為「air channel」的排氣通道，也是倒出咖啡的倒水口，可得到良好的空氣導流效果，必須使用Chemex專用濾紙，此種濾紙有特別的摺法、紙質也較一般濾紙厚而硬，適合研磨顆粒較粗的咖啡粉。陳志煌特別強調說：「Chemex放置咖啡粉的濾紙形狀較窄，咖啡粉倒入後，所形成的粉層相較於其他手沖壺是最深的，沖泡時可以溶解出更多咖啡中後段的風味，口感厚實濃郁。」林東源：「Chemex的壺身最常看到的是經典款，中間有木製防燙套環和皮繩的，今天用的款式是有玻璃握把的，它的另一個優點是可以一次沖煮出多人份的咖啡，和三五好友一同享用。」

陳志煌　「此款手沖壺的沖泡手法較其他款稍難，不但濾紙摺法不同，在注水時的速度也要特別注意，需要經過一段時間的練習，才能得到萃取良好適中的咖啡。」

林東源　「Chemex手沖壺打破世人的想像，非一般手沖方式，導管也只有一條，使用前你一定要先了解它的特性，才能因應其特性沖泡出你想要的咖啡。」

品嚐咖啡三步驟

前奏、清口：喝之前，建議可先喝一口4度的冷水（非冰塊水，冰塊水反而過冰），可清除口腔內之前殘留下來的味道，也可使味蕾變得比較敏銳。

● 1觀色 ●

建議使用杯身內壁是白色的杯子，可以觀察咖啡的色澤，邊緣若有琥珀色的漸層，代表咖啡是帶有甜味的，不會苦澀，相反的，或是邊緣的顏色泛黑，則會有苦味產生，代表咖啡已經產生碳化。

● 2聞香 ●

將咖啡放在鼻子下方搖一搖，聞一聞咖啡粉遇到熱水後釋放出的香氣。可以藉由聞香判斷出是偏花果香、堅果香等不同的咖啡豆調性。

● 3品嚐 ●

以類似漱口的方式，讓咖啡接觸到口腔所有的部位，味蕾可完整地體會咖啡豆的風味。在這個過程中，也會導入更多的空氣，產生散發的作用，讓咖啡在口中產生新的風味。接著，可以慢慢去品味咖啡在熱、溫、冷不同階段的溫度下，所產生的不同狀態、風味。

🫘 測驗咖啡的乾淨度其實是要在低溫的狀態下去品嚐，因為當咖啡冷掉時，豆子的缺點會全部跑出來。所以以前大家有一種「咖啡一定要趁熱喝」的觀念，可能是受限於當時喝咖啡的環境條件，以現在社會更成熟的品嚐咖啡條件之下，已不再適用。

丹麥bodum Pour Over手沖咖啡濾壺　　恆隆行

手沖壺一般常見的濾網有濾紙、金屬濾網，和較少見的是法蘭絨。
bodum手沖咖啡壺最大的特色即是它使用的是金屬濾網，初學者也可
以簡單上手。陳志煌提到「濾紙和金屬濾網最大的差別在於，用濾紙濾
出來的咖啡，口感是非常乾淨的，杯子裡不會出現咖啡渣，這款的金
屬網膜其實已經很細了，仍會有一點極細粉末在杯底。」相對於濾紙會
吸附油脂，金屬濾網則不會將油脂過濾，可完整地流到杯中，而油脂的
厚度正是咖啡的濃稠來源，咖啡中的香氣也是來自於油脂。林東源說到
「尤其是使用烘培得好的咖啡豆時，以這樣的沖泡方式能得到最完整的
香氣。至於杯底的極細粉渣，其實只要留下最後一口不要喝，並無大
礙。」陳志煌補充。即使用淺烘培的豆子，此款壺沖出來的咖啡依然擁
有很好的BODY感和厚重的口感，甜度也很明顯，風味的完整度、層次感
更高，喜歡喝口感濃郁的人，應該都會對金屬濾網情有獨鍾。

> **陳志煌**「油脂的厚度正是BODY感的來源，金屬濾網不會將咖啡的芳香油脂過濾掉，使用烘培得好的咖啡豆，以這樣的沖泡方式能得到最完整的香氣。」

> **林東源**「大部分的人開始接觸手沖咖啡，都是從濾紙開始，但是濾紙的品質不一，建議大家選購時還是以一分錢一分貨的原則做挑選。金屬濾網可以將咖啡的風味完整地保留下來，也沒有濾紙味道的問題。」

Mr. Clever Grace 玻璃聰明濾杯

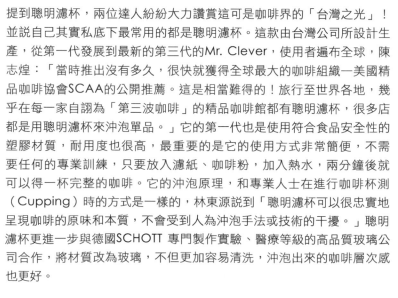

　　　　　　　　　　　　　　　　　　光景 Scene Homeware

提到聰明濾杯，兩位達人紛紛大力讚賞這可是咖啡界的「台灣之光」！
並說自己其實私底下最常用的都是聰明濾杯。這款由台灣公司所設計生
產，從第一代發展到最新的第三代的Mr. Clever，使用者遍布全球，陳
志煌：「當時推出沒有多久，很快就獲得全球最大的咖啡組織—美國精
品咖啡協會SCAA的公開推薦。這是相當難得的！旅行至世界各地，幾
乎在每一家自詡為「第三波咖啡」的精品咖啡館都有聰明濾杯，很多店
都是用聰明濾杯來沖泡單品。」它的第一代也是使用符合食品安全性的
塑膠材質，耐用度也很高，最重要的是它的使用方式非常簡便，不需
要任何的專業訓練，只要放入濾紙、咖啡粉，加入熱水，兩分鐘後就
可以得一杯完整的咖啡。它的沖泡原理，和專業人士在進行咖啡杯測
（Cupping）時的方式是一樣的，林東源說到「聰明濾杯可以很忠實地
呈現咖啡的原味和本質，不會受到人為沖泡手法或技術的干擾。」聰明
濾杯更進一步與德國SCHOTT 專門製作實驗、醫療等級的高品質玻璃公
司合作，將材質改為玻璃，不但更加容易清洗，沖泡出來的咖啡層次感
也更好。

> **陳志煌**「聰明濾杯也是可用於檢測自己手沖技術好壞的器具。用同樣的咖啡豆，如果聰明濾杯沖出來的比自己手沖的好喝，代表你的技術需要改進了！」

> **林東源**「聰明濾杯從第二代使用的是金屬濾網，更可以反應出咖啡專業評鑑時，杯測會有的流程，如乾濕香氣，咖啡在熱溫冷不同溫度時的風味，讓消費者更易於完整地了解咖啡的特性。」

▋ 愛樂壓 Aeropress ▋　　　　🍵 光景 Scene Homeware

愛樂壓是在2005年由一家原本是製作飛盤公司Aerobie所發明新型態的咖啡器具，外型和一般手沖壺截然不同，看起來像是一隻大型的針筒，共有三部分：內罐、外罐和濾蓋，另外可選用搭配濾紙或不鏽鋼濾網，設計原理結合了滴漏和濾壓式咖啡機的優點，操作簡單，可以得到比金屬濾網更濃郁而純淨的口感。林東源説到現在國內外使用愛樂壓的人愈來愈多：「愛樂壓除了基本的使用方式之外，咖啡玩家們也一直在開發新的使用方式，內罐、外罐正放反放都可以，加上咖啡粉和水量的不同，咖啡的風味也隨之改變，具有很大的變化性。」不論是美式咖啡或是Expresso，只要用愛樂壓就能在家輕鬆「壓」出，陳志煌：「以前要在家做出一杯很道地的Latte可能不是這麼容易，現在只要用愛樂壓萃取出一杯Expresso，再加上熱牛奶，沒有義式咖啡機也能享受到好喝的Latte。」體積輕巧，便於攜帶，在戶外露營、野餐時使用都非常方便。由於愛樂壓很好「玩」，現在甚至有「世界愛樂壓大賽」，光是參加各地舉辦的選拔賽就十分有趣，整場賽事充滿歡樂！

（陳志煌）「愛樂壓是專業人士們眼中CP值超高的咖啡道具，大家在旅行時都必定隨身攜帶。」

（林東源）「沖泡咖啡有趣的地方就在於，如果你改變了一個變因，就要跟著調整其他的沖泡條件，剛開始可能有一個既定的框架（沖泡方式），但那只是一個門檻，希望大家跨進來之後，可以嘗試打破這個框架，可以用『玩』的心態去看待手沖咖啡。」

經典｜機能｜風格｜入門｜進階
235
1~2杯

▋ 芽可榛木咖啡濾杯 ▋　　　　🍵 珈堂珈琲問屋

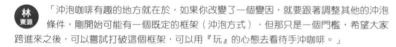

經典｜機能｜風格｜入門｜進階
236
1~2杯

一般的咖啡濾杯的材質，從早期的陶瓷、塑料，到金屬材質都很常見，芽可榛木咖啡濾杯是第一個以木頭材質製作的濾杯，是一個很喜歡咖啡的台灣工業設計師多年投入的心血結晶。林東源解釋榛木咖啡濾杯的優點：「通常錐型濾杯內的助槽形狀、數量都不盡相同，而助槽的形式會影響到沖泡時，濾紙跟濾杯之間空氣流通的速率，和水通過的速度。這款榛木咖啡濾杯的助槽設計為下凹式，深且長，讓空氣的流通能夠很順暢，因此只要掌控好水量，就能有效地掌控水通過的速度，減少沖泡的變因。」此外一般的濾杯孔洞一定是做對稱的，它的反而是不對稱的，共有九條助槽，如九芒星，這是設計者經過多次調整，發現不對稱的孔洞，萃取出的咖啡風味更好，最後就決定採用這樣的形式，這也是它的獨特之處。此款榛木濾杯擁有獨一無二的紋路，表面上有多層食用級的保護膜漆，可耐攝氏120度高溫的防水處理（FDA檢測標準）。陳志煌：「萃取出的咖啡具有明亮度、風味清新，口感乾淨清爽、帶有舒適的酸味，推薦給喜愛這種清新口感的人。」

（陳志煌）「一般助槽都是凸起式，像是肋骨，但這款濾杯的助槽是下凹式，而且刻痕蠻深的，因此導氣性很好，令人印象深刻。此外它的溫潤手感也是一般濾杯少見的。」

（林東源）「此款濾杯的木頭材質給人比較溫暖的印象，它沖泡出來的風味也是比較圓融的，是我最近在使用的手沖濾杯中，覺得比較有意思的。」

職人們的私房推薦咖啡館

2016世界咖啡大師冠軍
吳則霖VS.咖啡大叔許吉東

文＿邱瓊慧　攝影＿張藝霖、王士豪　圖片提供＿許吉東

「每個成功的烘豆師都有自己的喜好，即使同一個豆子交給不同的烘豆師，也會各自跑出不同的樣子來。咖啡的本質不會被一間店的姿態高低或介紹話語掩蓋，最好的判斷就是端上桌的那一杯。」

──吳則霖、許吉東

吳則霖Berg
經營Simple Kaffa。2013、2014、2015
蟬連三年台灣咖啡大師比賽冠軍，2016
年於世界盃咖啡大師比賽擊敗各國，從
60名選手中脫穎而出拿下冠軍。

咖啡大叔 許吉東
專職烘豆師，並以「咖啡大叔」為
名從事部落格寫作，著有《烘一杯
好咖啡：50間自家烘焙咖啡館的美
味配方》。

十年前，「自家烘焙咖啡」還是個少見的厲害名詞，如今，以「自家烘焙咖啡」為經營主軸的獨立咖啡館愈來愈多，意義其實已經被稀釋不少。吳澤霖提到：「若深入一點的談意義，是指每個店家可以提供具有自家個性的咖啡豆」，但是，現在有些自家烘焙是單純因為跟別人買豆子貴，所以自己烘，許多店家更是常常沒有烘熟。咖啡大叔補充：「淺焙大部分都沒有烘熟，深焙不見得有烘熟。有時候從咖啡粉就聞得出來，會有一種豌豆味。」而每次一喝到沒烘熟的，立即反應就是胃痛。吳則霖自己的挑選方式是一定先在店內喝過，真的喜歡才買，咖啡的本質不會被一間店的姿態高低或介紹話語掩蓋，最好的判斷就是端上桌的那一杯。這次兩位推薦的咖啡館，自家烘焙品質是基本要求，好喝是最優先條件，各有特色之外，他們都對台灣精品咖啡圈帶來或大或小的影響，其中幾家更是國外業界專程來台咖啡之旅時必定造訪的名單，不容錯過。

The Lobby of Simple Kaffa
Add／台北市敦化南路一段177巷48號B1
Tel／02-8771-1127
Web／www.simplekaffa.com

不變的初心
Simple Kaffa

Simple Kaffa的成功得來不易，一開始很糟糕的比賽成績，開店選址不明顯、生意不好，經營遇到種種突發狀況的困境，可是一年接著一年，Berg領著團隊一起精進、成長，當參賽成績愈來愈好的同時，店裡也沒荒廢，始終堅持著「敢擺上menu的都是好的」，即使是蛋糕甜點，同樣講究食材與做法，親自花功夫做到滿意為止。2016年一起參賽世界咖啡大師的瑞士選手特別造訪Berg的店，陰錯陽差下沒見到Berg，後來飛往韓國觀展才遇到他。對方開頭第一句就稱讚：「Simple Kaffa is best of the best」，店內氣氛歡樂如家庭小館，自在隨性，然而卻驚訝的發現當天的吧台手已然是世界賽的等級，刻意加點其他品項咖啡也都是水準之上。「我覺得我們店的價值在於，每一個能點到的品項都是好的，每一位能站上吧台的同仁都能煮出一樣好喝的咖啡。」在比賽裡學到、磨練到的成果，Berg全運用到店裡，他很清楚世界冠軍的光環會消失，但Simple Kaffa要持續成長，讓光芒從最核心的價值，持續向外照亮。

單品咖啡的可能
SINGLE ORIGIN ESPRESSO & ROAST

SINGLE ORIGIN ESPRESSO & ROAST
Add／台北市大安區敦化南路一段161巷76號
Tel／02-8771-6808
Web／facebook：SINGLE ORIGIN ESPRESSO & ROAST

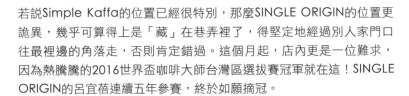

黃吉駿

大家都叫他阿吉。因為很喜歡購入各式咖啡器材，在業界以「阿吉又敗家了！」的外號聞名。最早是從連鎖咖啡體系出來，為人實在而且很拼，總是虛心求教，開SINGLE ORIGIN時才開始學烘豆，如今不僅是能獨挑大樑的烘豆師，更是店內所有參賽選手的教練。

若說Simple Kaffa的位置已經很特別，那麼SINGLE ORIGIN的位置更詭異，幾乎可算得上是「藏」在巷弄裡了，得堅定地經過別人家門口往最裡邊的角落走，否則肯定錯過。這個月起，店內更是一位難求，因為熱騰騰的2016世界盃咖啡大師台灣區選拔賽冠軍就在這！SINGLE ORIGIN的呂宜蓓連續五年參賽，終於如願摘冠。

咖啡大叔表示，SINGLE ORIGIN的出現，讓業界發現原來精品咖啡是可以做的。過去坊間咖啡館為了穩定味道，多以綜合配方豆為主，而SINGLE ORIGIN是第一家只提供單一產區濃縮咖啡的店。「他們想提供特色鮮明的咖啡，所以這裡每一杯咖啡的個性都不同。」店內會為同一隻豆子提供不同的沖煮手法，讓客人選擇。或者，同一隻豆子同時端上濃縮咖啡和卡布奇諾，讓人一次品嚐兩種表現。咖啡業界的人也經常造訪，吳則霖常常踩著拖鞋就進來了，跟店長阿吉聊豆子、聊咖啡。「大家喜歡來，因為好玩。」有次阿吉召集咖啡聚會，借了六台磨豆機測試，還拿出儀器認真測量每台的萃取率，一輪咖啡喝下來，大家立馬知道這些磨豆機的差異。類似的實驗、討論、想法試做，不僅為了精進技術，也激盪出許多新的想法，難怪職人們總愛三不五時進來晃晃囉！

Solidbean Coffee Roasters
Add／台中市西區精誠三街28號
Tel／04-2310-2272
Web／www.solidbean.com

青春向陽的咖啡浪潮
Solidbean Coffee Roasters

Dana張玉錞
Dana非常具有行動力，是那種想到就立刻動手執行的人，覺得咖啡要好喝是理所當然的事。個性活潑熱情，不僅會跟客人分享咖啡豆產區來源、品種、處理手法等知識，店內還規劃了讓客人可以使用簡單器具自己手作沖煮的空間。

Solidbean的誕生過程幾乎是當代年輕人實現咖啡理想的縮影：在台灣的咖啡店累積一定的實力之後，接著到國外歷練，過程中一邊學習一邊釐清自己的想法與喜好，然後回台灣開出一家在各方面都能準確到位的理想咖啡館。

「台灣有個性的咖啡館很多，大家容易忽略商業上的其他專業，只把眼光專注在咖啡上。但是Solidbean很完整，咖啡好喝之外，她們從Logo、品牌形象、空間氛圍、周邊商品、到行銷及活動規劃……，每一個面向都做得比一般的咖啡館好。」這裡也是台灣引進氮氣咖啡（啤酒咖啡）的先趨之一。Solidbean是由三個女生一手打造，咖啡師Dana前往咖啡業蓬勃發展的澳洲見習，發現若論咖啡的質，台灣其實優於澳洲，於是不到半年時間就毅然回台，輾轉到了Simple Kaffa工作。那年正好是吳則霖首次準備參加世界大賽，Dana就擔任他在台灣練習時的助手。「Solidbean的咖啡好喝，但我更喜歡他們走出自己的樣子，而且做得很好。」吳則霖表示，現在的精品咖啡則有一股潮流是偏向稍微淺焙，因為豆子本身的特殊調性能表現的比較明顯，而Solidbean則在其中走出了自己的路。

老派經典，最潮！
RUFOUS COFFEE

RUFOUS COFFEE
Add／台北市大安區復興南路二段339號
Tel／02-2736-6880
Web／facebook：RUFOUS COFFEE

楊博智
認識他的人都叫他「小楊」，多數時間裡專心的沖煮咖啡，然後隱身於吧台後小凳子上。身型瘦高，192公分，被稱為全台最高吧台師，沈默寡言，個性慢熟，頗有幾分日本浪人氣息，有一群死忠粉絲。

「RUFOUS COFFEE就是潮！」這不是廣告用語，而是吳則霖對這間小店的真實感受。「它就像是電影《珈琲時光》裡的日本老派咖啡館。」許吉東補充道，特別是到了晚上，點著煙，拿著咖啡杯走到門外，氛圍就更像了。

在PTT版上，RUFOUS是台北拿鐵No.1的咖啡店；在江湖傳說裡，RUFOUS可是有著台灣第一支coffee revire 90分以上豆子的紀錄。2008年時，敢把自家烘焙豆送去coffee review，並且用綜合豆拿到91高分，是非常厲害的紀錄。證明了RUFOUS老闆小楊的烘焙技巧，許多人因此特別造訪RUFOUS，許多沒有自家烘焙的咖啡館則是跟RUFOUS進豆子。不僅自烘咖啡豆用心，RUFOUS提供一種特別的「雙溫暖」，就是將一種咖啡豆以不同溫度沖煮，讓客人喝到兩種不同效果的咖啡。店裡一面牆上貼滿了明信片，許多熟客出國旅行時想起RUFOUS的咖啡，就寄上一份問候，也讓店內氛圍彷彿充滿故事般。特別是在午後，落地窗透進的陽光，襯著店內原有的色彩，輝映出舒適的金黃色光芒，格外迷人。

Coffee Sweet 自家烘焙咖啡館
Add／台北市中山北路一段33巷20弄3號
Tel／02-2521-0631
Web／Facebook：Coffee Sweet

極淺烘焙先鋒
Coffee Sweet

6、7年前，在淺焙還沒開始在台灣流行之前，堅持以「極淺焙」為主的Coffee Sweet可說是獨一無二。許吉東是在友人的帶領下，認識這間咖啡館，初次接觸到極淺焙咖啡的風味，被鮮明的花果酸香震懾，印象深刻。

在Coffee Sweet的menu上就開宗明義寫著：「我們的咖啡為極淺烘焙，入口帶酸偏淡，如果您不能接受，希望您能在別的地方找到喜歡的風格！」單品咖啡一律使用虹吸壺沖煮，每天固定40份，每份製作前都要換上全新濾布。「一般咖啡店會立刻清洗濾布後重複使用，但因為多少會殘留一點油在上面，他不要這個油脂，所以會特別仔細的清洗，每天固定準備40塊布，用完為止。」也因為老闆低調，店內禁止拍照。但可別以為Coffee Sweet不好親近，老闆很和善也樂於分享咖啡的經驗，Coffee Sweet也是許多咖啡人造訪台灣時必訪的店家之一。

高老闆
高老闆很低調，不喜歡接受採訪，但如果是單純聊咖啡，他很樂意分享。他並不排斥深焙，只是希望讓咖啡展現出不同的風貌。從世界各咖啡產地國進口生豆，因此也有很多人會特別來找高老闆買生豆，或是準備參加比賽的選手，會請高老闆幫忙尋找特別的豆子。

咖啡迷的選物地圖

1 ALESSI
| www.alessi-funclub.com.tw

創立於 1921 年的 ALESSI 秉持「創意＋美學＋工藝」的設計精神，以『義大利風格之設計工廠 Factories of Italian Design』聞名全球，ALESSI 設計的器具，總是帶有融合了創意、科技、趣味與以及生活。與大量設計師合作的品牌定位，讓它們屢屢榮獲國際設計大獎，並被美國紐約 MoMA 現代藝術博物館及巴黎龐畢度中心等知名博物館典藏。

品項：200, 201, 202, 203

2 Alpha Coffee & Tea
| www.alphastore.com.tw

隱藏在工業區內的風格咖啡館，除了餐飲服務，也提供咖啡生豆供應，也是 Strietman 拉霸機的代理。另有外帶杯形式的 alpha Black，一般消費者，也可平價享用專業供應商的咖啡品味。

品項：208

3 MUNIEQ TAIWAN
| www.facebook.com/MUNIEQTAIWAN

思索著市面上的咖啡掛架大都不夠堅固、不便攜帶，且具有重量，訴求「輕便」、「堅固」與「泡的美味」，因而設計 Tetra Drip 濾杯架。濃縮了必要性機能（minimal），構造來自顛覆既有觀點的獨特（unique）想法，器材（equipment）徹底貫徹簡約俐落，也是品牌「MUNIEQ」蘊藏的設計理念。

品項：229

4 [bi.du.hæv]
| www.biduhaev.com

看見 [bi.du.hæv] 的作品，便可理解何謂與工藝的交會。簡約設計，帶有詩意與禪味的器具造型，讓生活樣態中的咖啡品味化身成為藝術體驗。

品項：96, 103, 157

5 Everyday ware & co
| www.everydayware.co

隱藏在巷弄 2 樓的生活風格選物店，在此可以看到非常豐富的服飾、食器、雜貨以及餐桌器具。選物角度細膩且別具風格，除了咖啡器具，也可在此挑選品飲咖啡的各類杯器。

品項：57

6 KJ-Life 凱傑生活有限公司
| www.kjlife.com.tw

以網路通路為主，選物角度廣泛，除了生活用品與配件小物，也嚴選了韓國時下流行的咖啡品牌，訴求實用機能性，除了自用，也是挑選禮物的好所在。

品項：155, 156, 225, 230

7 Atti 咖啡研究工坊
| www.facebook.com/

對咖啡設計與研究別有專精的專業店家，除了提供餐飲空間與服務，也有販賣一些特殊器具，店內並不定期舉辦咖啡研究、試驗等活動。

品項：135

8 nest 巢・家居

| www.nestcollection.tw

旗下品牌總是充滿了日常卻也溫潤的風格。代理多個歐美與日式品牌的設計好物，以對「家」的認同感出發，其選物總是圍繞著各種家庭生活中的熟悉風景。旗下的 TOAST 與 KINTO 咖啡器具，在設計中加入濃郁日式風格，其簡約的美感風格，也很適合經營自家餐桌的風格陳設。

品 項：48, 51, 68, 71, 72, 91, 99, 100, 104, 105, 107, 116, 134, 139

9 TIAMO

| web.ciron.com.tw/ec99/eshop095/
default_1.asp

創立於 1995 年，台灣本土咖啡器具品牌，開發並製造各類咖啡器具。旗下擁有大量且廣泛的咖啡器具。也是許多入門玩家們初入咖啡世界的經典熟悉器具品牌。

品 項：1, 23, 115, 150, 169, 170, 179, 185, 194, 209, 210, 211, 223

10 三分之二美科技

| www.twothird.com

當科技跨足設計，會迸出什麼樣的滋味？在這裡可找到許多頗具機能與設計的實用器具。不只是為設計而設計，加入技術的器具設計，往往可以達到以往曾想像的事半功倍。

品項：28, 78, 154, 226, 228, 231

11 山田珈琲店

| www.facebook.com/yamada.coffee

這裡是所有想要了解點滴法奧秘的必訪名店，在此可以品飲最正統 KŌNO 式與金澤式手沖法沖煮的咖啡，也販售多款 KŌNO 咖啡器具。以日本職人的精神，專注做好一件事情，從選豆、烘豆、沖煮器具，到手沖技巧，皆完整呈現最道地的日本「KŌNO 式」風格。

品項：43, 64, 123, 124, 125, 143, 188

12 北歐櫥窗

| www.nordic.com.tw

想到北歐設計，就會想到北歐櫥窗。知名設計選物品牌北歐櫥窗，代理多個北歐優質設計品牌，除了前往實體門市選購，也提供網路購物平台。從設計文具到風格家具，大量居家生活用品，都可以在此找到。

品項：174, 175, 177, 178

13 艾可國際

| www.ikuk.com.tw

經典摩卡壺品牌 Bialetti 總代理，除了販售多款經典的 Bialetti 摩卡壺，亦販賣
多款 Bialetti 鍋具，以及咖啡豆與保溫杯等其他周邊。除了百貨門市專櫃，也可利用網路瀏覽旗下多款器具。

品項：195, 196, 197, 198, 199, 204, 205

14 光景 Scene Homeware
| www.facebook.com/scene.tw

舒服的空間，獨特的品項，加上有設計感的陳列。這是一家咖啡迷們都會喜歡的一家器具專賣店。店內器具的選入，都是因為老闆自己喜歡，進而想跟其他玩家分享，所以在這裡也可以找到許多獨特且頗具風格的設計器具。除了挑選器具，店裡也可以品飲咖啡，B1 並不定期舉辦展覽。

品 項：4, 16, 40, 61, 66, 92, 112, 120, 129, 168, 213, 220, 221, 234, 235

15 米家貿易
| www.earth-tree.net

專營亞洲生活雜貨、咖啡器具採購的米家貿易，是咖啡業界，以及咖啡創業新手們的好夥伴。品牌的代理品項多且廣，除了挑選亞洲各國的咖啡器具，並成立自有品牌 earth，銷售器具涉及一般家用與專業機器。許多咖啡業內人士亦皆會專程前往諮詢，或挑選營業用相關器具。

品項：2, 3, 5, 7, 17, 20, 24, 26, 36, 38, 44, 53, 56, 59, 62, 63, 80, 93, 98, 109, 110, 117, 140, 141, 142, 145, 148, 152, 153, 189, 212, 215, 216, 217, 218, 219, 222, 224, 227, 232

16 村宜企業
| www.cy-driver.com.tw/product_home. html

專營咖啡器具設計、製造的台灣設計品牌 Driver，也是器具玩家們的愛牌之一。以台灣優秀的製造業體質為基礎，在器具的材質、機能與造型中加入設計的新意。或許沒有花俏的包裝與設計，但務實的設計可以很環保，價格也可以很親民。

品項：82, 84, 87, 90, 94, 101, 102, 106, 118, 146, 151, 158, 214

17 星巴克
| http://www.starbucks.com.tw

全世界最受歡迎，也是最具知名度的咖啡品牌。除了提供快速方便的咖啡空間，以及咖啡豆選購，更有多種咖啡器具，適合入門咖啡迷使用。除了設計多樣的馬克杯與隨行杯，也有多種磨豆機、咖啡機與手沖相關等咖啡器具。

品項：21, 69, 113, 114, 171

18 哈利歐有限公司
| huku.market

在 70 年代，首先引入日本咖啡器具的銷售，也是目前 Kalita 與三洋產業的國內總代理。除了各大通路經銷，也提供網路商店的販售，各類咖啡器具在家即可簡單採購。

品 項：22, 25, 27, 32, 39, 41, 42, 45, 46, 52, 54, 67, 70, 73, 74, 81, 85, 86, 88, 97, 108, 111, 119, 121, 127, 130, 136, 137, 138, 149, 159, 180, 187

19 品研文創
| pinyen-creative.com.tw

致力開發設計台灣文化、台灣製造的設計好物。訴求「越在地，越時尚，有故事的台灣好品」。舉凡生活用品與家具器物，都以在地化的幽默輕鬆的設計手法，來呈現台灣的美學場域與文化產物。

品項：95

20 UNI CAFÉ
| www.unicafe.com.tw

這裡除了是購買棉花罐手沖壺的好去處，還可以享用到自家烘焙的新鮮咖啡豆。彷彿時光倒流般的國小課桌椅，慵懶的貓咪，也是放鬆心情絕佳地點。

品項：122

21 恆隆行
| www.hlh.com.tw

想到小家電，很難不想到恆隆行。代理多個國際知
名電器品牌，除了各式家電，也提供咖啡器具的選
購。除了丹麥設計品牌 BODUM® 的濾壓壺與磨豆
機，並有美國經典果汁機品牌 Oster 的義式咖啡機
與磨豆機。

品項：30, 31, 33, 165, 166, 172, 173, 176, 233

22 紅澤咖啡豆販
| www.facebook.com/caferedbean

在咖啡器具玩家中，知名度頗高的紅澤咖啡豆販，
在他的店內除了可以品味到白烘咖啡的好滋味，三
不五時還可以一窺老闆又找到哪些最新的咖啡器
具。想探詢古董咖啡器具？想了解咖啡器具知識？
想採買市面上難尋的另類器具？快去紅澤喝杯咖啡
吧！

品項：49, 50, 55, 60, 65, 75, 76, 77, 79, 126, 131,
132, 133, 160, 161, 162, 163, 164, 167, 181, 183,
184, 186, 190, 191, 192, 193

23 叁拾選物
| www.30select.com

貼近生活的雜貨選物店，販售的不只是商品，更強
調「選」的重要性。透過「選物」將我們對於「生
活該有的態度」想法具體化。除了咖啡器具，在此
也可找到來自世界各國的文具、家居雜貨與生活用
品。

品項：47, 83

24 森 /CASA
| www.moricasa.com

在森 /CASA，所有的器物與家具，皆蘊藏工匠精
神，設計不只是形式，更著重材料、工法以及創作
理念。森 /CASA 不只是以選物店的樣態而存在，
更像是一個思索著設計與工藝技巧如何發生、為何
匯聚的美學場域。

品項：18, 19, 89, 144

25 楊家機器
| www.feima.com.tw

楊家機器是國內咖啡玩家的愛用品牌之一，旗下飛
馬牌的磨豆機與烘豆機，一直受到咖啡入門玩家們
的大好評。在網路上的各大討論區，只要討論到磨
豆機，幾乎都不會忽略飛馬。具有高 CP 值的品質
與價格，引起玩家們的熱議。

品項：10, 11, 15, 34, 35

26 珈堂咖啡問屋
| www.facebook.com/Kadoucoffee

隱藏在巷內的珈堂咖啡，是許多專業咖啡玩家的採
購愛店。一到店門，便可發現從門口至櫃台，兩側
皆放滿了各種咖啡器具。從經典款到最新樣式，老
闆皆能親切且專業地提供器具使用的特性以及建
議。由於店內空間小，僅有老闆一人提供服務，人
多時甚至需要排隊，老闆的好人緣與好生意，可見
一班。

品項：236

咖啡迷的風格器物學

器具知識、萃取原理、沖煮方法
咖啡玩家的風格養成參考書

作者	La Vie編輯部
責任編輯	葉承享
特約編輯	方雯玲、洪佩君、楊喻婷、陳亞辰
攝影	星辰映像、PJ
封面設計	瑞比特設計 RabbitsDesign
美術設計	瑞比特設計 RabbitsDesign
插畫	微枝

發行人	何飛鵬
事業群總經理	李淑霞
副社長	林佳育
主編	張素雯
出版	城邦文化事業股份有限公司 麥浩斯出版
E-mail	cs@myhomelife.com.tw
地址	104台北市中山區民生東路二段141號6樓
電話	02-2500-7578
發行	英屬蓋曼群島商家庭傳媒股份有限公司城邦分公司
地址	104台北市中山區民生東路二段141號6樓
讀者服務專線	0800-020-299（09:30～12:00; 13:30～17:00）
讀者服務傳真	02-2517-0999
讀者服務信箱	Email: csc@cite.com.tw
劃撥帳號	1983-3516
劃撥戶名	英屬蓋曼群島商家庭傳媒股份有限公司城邦分公司
香港發行	城邦（香港）出版集團有限公司
地址	香港灣仔駱克道193號東超商業中心1樓
電話	852-2508-6231
傳真	852-2578-9337
馬新發行	城邦（馬新）出版集團Cite（M）Sdn. Bhd.
地址	41, Jalan Radin Anum, Bandar Baru Sri Petaling, 57000 Kuala Lumpur, Malaysia.
電話	603-90578822
傳真	603-90576622

總經銷	聯合發行股份有限公司
電話	02-29178022
傳真	02-29156275
印刷	凱林彩印股份有限公司
定價	新台幣480／港幣160

2017年6月初版 1 刷
2020年9月初版 6 刷・Printed in Taiwan

國家圖書館出版品預行編目(CIP)資料

咖啡迷的風格器物學：器具知識、萃取原理、沖煮方
法，咖啡玩家的風格養成參考書 / La Vie編輯部作. --
初版. -- 臺北市：麥浩斯出版：家庭傳媒城邦分公司發
行, 2017.06
　面；　公分
ISBN 978-986-408-275-9(平裝)

1.咖啡

427.42　　106006206

讀者獨家優惠
COUPON

nest 巢·家居

● 即日起～ 2017 年 12 月 31 日憑本優惠券至全台 nest 巢 家居專櫃購買 toast/kinto 咖啡器具，單筆 85 折優惠
（本優惠券限購買咖啡器具得享優惠，不得與其他滿額贈 / 滿千送百等合併使用）。

紅澤咖啡豆販

● 憑此優惠卷至紅澤咖啡豆販飲用手沖咖啡以八折優惠，限當次消費，杯數不限。

UNI CAFE

● 憑卷於 UNI CAFE 門市購買自烘單品咖啡豆一磅以上，即贈架上精選單品豆 1/4 磅。
● 使用期限至 2017 年 10 月 31 日。品項於現場架上挑選。
● 門市地址：台北市中正區金門街 15 號

山田珈琲店

● 「凡憑卷購買 KŌNO 手沖組、賽風組、法蘭絨組，即可免費獲得現沖咖啡一杯！」
● 備註說明：
1. 限山田珈琲店 - 古亭門市使用。
2. 現沖咖啡品項依據現場販售為準。

福庫大地 Huku Pradera

● 2017 年 12 月底前新註冊會員，首次下單並在〈給店家的話〉填入「咖啡器具在福庫」即享有訂單 9 折優惠。
https://huku.market/

靈感咖啡

● 憑券至店內消費手沖單品咖啡，加贈掛耳包一包。
● 憑券至店內購買咖啡豆、器具可享九折優惠。
● 優惠期限至 2017/8/30
地址：台北市大安區新生南路三段 84-6 號 3 樓

使用須知
● COUPON 卡每店限用一次，單次消費限用一張。
● 請於消費前主動告知並出示本書優惠訊息，此優惠不得與其他優惠合併使用。

● 如遇節日或其他相關優惠請先致電詢問。
● 所有優惠均不得折抵現金或換購其它等值商品。
● 各店家優惠方式不同，請以各優惠內容為準，店家並保有提供優惠之品項與使用日期、使用期限等最終決定權。